主　编　金洪勇　魏　真
副主编　王丽娟　薛美贵
参　编　李晓娟　吴振兴
　　　　雷　沪　张　林
　　　　石玉涛

# 印刷色彩

# PRINTING CHROMATICS

北京理工大学出版社
BEIJING INSTITUTE OF TECHNOLOGY PRESS

## 内 容 提 要

本书采用模块任务制编写形式，包含五个模块十七项任务，重点从颜色认知、颜色描述、颜色搭配、颜色复制、颜色测量五个方面对课程进行设计，理论结合实训，重在培养学生职业应用的综合能力。

本书可作为高等院校新闻出版、轻工纺织类专业课教材，也可作为印刷媒体技术、印刷数字图文技术、数字印刷技术、数字出版、数字图文信息处理技术等相关专业的参考书，还可作为从事颜色复制工作人员的参考书。

### 图书在版编目（CIP）数据

印刷色彩 / 金洪勇，魏真主编.--北京：北京理工大学出版社，2023.8
　　ISBN 978-7-5763-2731-1

　　Ⅰ.①印… 　Ⅱ.①金… ②魏… 　Ⅲ.①印刷色彩学－高等学校－教材 　Ⅳ.①TS801.3

中国国家版本馆CIP数据核字（2023）第149128号

| | | |
|---|---|---|
| **责任编辑**：王梦春 | | **文案编辑**：邓　洁 |
| **责任校对**：刘亚男 | | **责任印制**：王美丽 |

| | | |
|---|---|---|
| **出版发行** | / | 北京理工大学出版社有限责任公司 |
| **社　　址** | / | 北京市丰台区四合庄路6号 |
| **邮　　编** | / | 100070 |
| **电　　话** | / | （010）68914026（教材售后服务热线） |
| | | （010）68944437（课件资源服务热线） |
| **网　　址** | / | http：//www.bitpress.com.cn |

| | | |
|---|---|---|
| **版 印 次** | / | 2023年8月第1版第1次印刷 |
| **印　　刷** | / | 河北鑫彩博图印刷有限公司 |
| **开　　本** | / | 889 mm×1194 mm　1/16 |
| **印　　张** | / | 10 |
| **字　　数** | / | 279千字 |
| **定　　价** | / | 89.00元 |

# 前言 PREFACE ·········································◎

　　印刷图像复制是以色彩理论为基础，利用现代化印刷设备对原稿进行批量复制的工艺过程。在印刷品生产过程中，对原稿的分析、印刷工艺的设计、印版制作、印刷等每一道工序都涉及印刷色彩知识。

　　为了帮助广大学生更好地理解并正确运用色彩知识，编者在总结多年教学经验、参考众多国内外有关颜色科学文献资料的基础上，编写本书。本书结合印前处理与制作员和印刷操作员国家职业技能标准中对印刷色彩相关知识和技能的要求以及印刷职业技能大赛的相关要求，对内容编排进行设计，使内容在逻辑上更加清楚。全书主要内容包括颜色认知、颜色描述、颜色搭配、颜色复制、颜色测量五个模块，每个模块又分为若干个任务，每个任务都设计了"知识链接"，围绕色彩知识的实际应用来组织内容，引导学生在完成具体的任务过程中学习知识点，并且在每一个知识点设计了"学以致用"，让学生运用色彩知识去解决实际生产中的实际问题，以便较好地掌握理论知识并灵活运用。此外，每个知识点都配有相应的测试题，并融入了大量的全国印刷职业技能大赛试题，做到"岗课赛证"有机融合，而且在每个模块工作任务的设计上，有针对性地强化职业标准和职业规范的应用以及团队协作精神和创新能力培养，并将党的二十大对文化自信、科技强国战略、创新驱动发展战略等重要部署巧妙融入任务实施过程中，寓价值观塑造于知识传授与能力培养之中，坚持育人和育才相统一。

　　本书在文字表述上简练且通俗易懂，并配有大量的图片，力求做到图文并茂，以便学生理解和掌握。本书提供的教学资源包中包含有每个任务的任务实施与任务评价阶段所用的表格，读者可通过访问链接：https://pan.baidu.com/s/1YBqRaCiJOh0yuKNTWBXudA?pwd=bc49（提取码：bc49），或扫描右侧的二维码进行下载使用。同时，本书还配套丰富的网络教学资源，学生可直接访问课程的网络教学平台（网址：https://mooc1.chaoxing.com/course/232963005.html）进行在线学习，实现了教材、数字化教学资源以及网络教学空间一体化。

任务实施及评价资源包

　　本书可作为高等院校印刷媒体技术、印刷数字图文技术、数字印刷技术专业的教材，也可作为从事颜色复制相关工作人员的参考书。

　　由于编者水平有限，书中难免存在不妥之处，敬请广大读者批评指正。

编　者

# 目录 CONTENTS ························ ◉

# 概述 OVERVIEW ······················· ◎

## 一、认识色彩

人们在感知外界信息时，大约有 90% 接收到的信息来自视觉器官，而人们通过视觉器官观察物体时，首先感受到的是物体的色彩，其次是物体的形状和空间位置，最后才是物体表面的细节，因而有"远看颜色近看花"的说法。实际上物体的形状、空间位置及表面细节也是通过色彩表现出来的。设想一下，如果没有色彩，什么形状的东西我们也看不见，即便是一条线，如果不赋予它颜色，它也不会产生任何视觉经验。在人类生活的各个领域，无不体现着色彩的重要性，人们的"衣、食、住、行"均离不开色彩，在这些方面对色彩需求及运用的水平，还充分反映了人们的生活水平和社会文明程度。在服装的设计和挑选过程中，颜色始终是人们关注的首要因素。在我国的饮食文化中讲究"色、香、味俱全"，将色彩作为评价标准的第一位，足见人们对色彩的重视。在城市建筑和家居装修设计中，颜色搭配始终是人们重点考虑的问题。至于"行"的方面，各种五颜六色的交通工具足以说明色彩在这一领域的广泛应用。因此，人类无时无刻不在感知色彩和运用色彩，并欣赏由自己创造出来的色彩美。

人类对色彩的感知与人类自身的历史一样漫长，而有意识地应用色彩则是从原始人用固体或液体颜料涂抹面部与躯干开始的。在旧石器时代，古代人居住的洞窟中的彩绘壁画已可见古代人对简单色彩的自觉应用，他们开始使用矿物、动物材料为颜料绘制动物形象，如图 0-1 所示。

始建于十六国的前秦时期被誉为世界最长的文化长廊的敦煌莫高窟壁画则意味着人们对色彩的应用到了一个更高的水平，如图 0-2 所示，其绘画颜料主要来自进口宝石、天然矿石和人工制造的化合物。敦煌石窟不仅是世界上著名的艺术宝库，还是一座丰富多彩的颜料标本博物馆。它保存了北朝至元代十余个朝代千百年间的大量彩绘艺术颜料样品，证实了中国是最早将青金石、铜绿、密陀僧、绛矾、云母粉作为颜料应用于绘画中的国家之一。

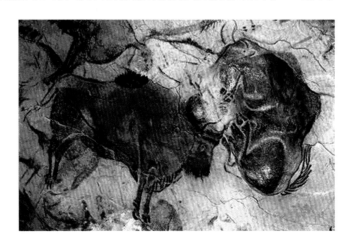

图 0-1　古代人所居住洞窟的彩绘壁画

## 二、色彩学

人们在长期探索和运用色彩的过程中，逐渐发现色彩的规律，并形成了色彩的科学理论，即色彩学。色彩学是一门研究色彩的产生、视觉感受及应用规律的科学。最早出现的色彩科学理论是 19 世纪风靡欧洲的艺术色彩理论，它是从美学欣赏的角度研究色彩实体与色彩效果之间的关系，当时有大量的色彩视觉理论文章。例如，德国科学家约翰·沃尔夫冈·冯·歌德发表的《色彩论》；德国生理学家埃瓦尔德·赫林发表的心理四原色理论，提出了"对立色"的理论模型；德国画家菲利普·奥托·龙格还发表了用球体色标表示的色彩系统，这是最早的色彩立体系统。到了 20 世纪初，色彩研究则上升为系统的色彩理论，出现了表色系统和定量的色彩调和

**图 0-2　敦煌莫高窟壁画**

理论，其中最具代表性的有德国化学家威廉·奥斯特瓦尔德研究的色彩体系和美国画家孟塞尔发明的色立体，以及瑞典的 NCS 自然色彩系统。同时，在 20 世纪，还形成了综合性研究色彩的科学理论——色度学理论。它以视觉生理、心理以及物理光学为基础，研究人的颜色视觉规律、颜色测量的理论与技术。现代色彩科学正是建立在色度学的基础之上，结合各个应用工程领域开展视觉色彩的研究的，出现了各种色彩科学，广泛应用于纺织、印刷、建筑、汽车、商业服务、文化传播等各个领域。

印刷色彩则是色彩应用研究中最成熟的领域，随着色彩复制技术的不断发展，已经形成了一套规范而严密的印刷色彩知识体系，涉及颜色的本质、颜色视觉的形成、颜色的描述方法、颜色复制的基本原理和方法、颜色的测量方法及颜色的调配方法等方面的内容。印刷色彩也是色彩应用最先实现数字化的领域。1993 年，Adobe、Kodak、Apple 等彩色出版印刷发展商共同组建了国际色彩联盟，建立了一套贯穿整个色彩复制流程的可靠的色彩传递和转换机制，使色彩复制由原来的封闭系统转变为开放式的跨平台的色彩管理系统，实现了色彩复制与控制的数字化。

色彩是衡量印刷品和数字出版物质量的重要因素之一，要制作出一个丰富多彩的高质量的印刷品和数字出版作品，必须正确掌握颜色变化的基本规律，了解色彩复制过程中的色彩现象和用色原则，掌握颜色的复制方法、测量方法和调配方法，真正做到知色、用色和管色。

# 模块一 | 颜色认知

## 知识目标

1. 理解颜色视觉形成与光源、颜色物体和观察者的关系；
2. 掌握光源的相对光谱功率分布、色温、显色指数、标准光源和标准照明体等基本概念；
3. 理解颜色物体的呈色方式；
4. 掌握三色学说、四色学说和阶段学说；
5. 理解颜色视觉现象，熟悉颜色复制环境对颜色的影响。

## 能力目标

1. 能根据光源的光谱功率分布曲线判断光源的颜色，并分析光源的光谱成分；
2. 能根据颜色复制要求选择合理的照明光源；
3. 能利用颜色视觉理论解释常见的颜色视觉现象；
4. 能根据颜色复制要求设计颜色复制工作环境。

## 素养目标

1. 提高安全意识：保护眼睛、安全使用光源；
2. 强化团队协作：与团队成员互相帮助、共同学习、协作完成工作任务；
3. 塑造职业素养：规范选用光源和颜色工作者，合理布置颜色复制工作环境，具有准确复制颜色的质量意识。

## 任务一　色觉产生过程认知

### ◉ 任务描述

不同的人对颜色变化的敏感性是不同的。当一个颜色发生微小变化时，有些人能敏锐地感觉到颜色的变化，有的人则感觉没有变化，而且，同一个人对不同颜色微小变化的敏感性也是不同的。请测量身边同学对红色、绿色、蓝色、黄色、品红色、青色六种颜色变化的敏感性。

### ◉ 知识链接

#### 知识点 1　颜色视觉产生的三要素

在人类生活的环境中，每一种物体都会呈现出一定的颜色，一个视觉正常的人只要睁开眼睛，就能看到一个色彩斑斓的世界：红花、绿叶、蓝天、碧海……如图 1-1 所示。那么到底什么是颜色？人类为什么能感知到这些物体的颜色？颜色是如何产生，又会受哪些客观条件和主观因素的影响呢？如何利用颜色形成的规律，来实现对颜色的准确复制呢？这些都是人们必须研究的问题，只有搞清楚这些问题，才有可能在印刷过程中对颜色进行有效控制，以保证颜色的准确复制。

图 1-1　自然界中各种各样的色彩

在不同的资料中可能对颜色的定义也不同。我国印刷行业的标准对颜色是这样定义的：颜色是光作用于人眼后引起的除形象以外的视觉特性。这个定义比较抽象，根据这个定义可从以下三个方面来理解颜色：

首先，颜色是光的一种特性，颜色视觉不仅与物体的表面特性有关，还必须有光的参与。如果没有光就不可能有颜色视觉的产生，设想一下，当你处于一个黑漆漆的屋子里，伸手不见五指，将什么颜色也看不见。同样的物体，在不同颜色的光源下观察，其颜色感觉也是不同的。例如，同样灰色的地板砖，在青色光源下观察它是青色的，在绿色光源下观察它是绿色的，在蓝色光源下观察它是蓝色的，只有在白色光源下观察，它才是灰色的，如图 1-2 所示。而且同样的物体，在不同亮度的光源照射下，其颜色也是不同的，如图 1-3 所示。

白色光源下观察　　　　　　　青色光源下观察

绿色光源下观察　　　　　　　蓝色光源下观察

**图 1-2　同一物体在不同光源下的观察效果**

**图 1-3　物体在不同亮度光源照射下呈现出的色彩效果**

其次，颜色是物体的一种特性，颜色视觉与物体的表面特性有关。不同物体的表面特性不同，其产生的颜色感觉也不同，因此，自然界中不同的物体有不同的颜色特征，例如，黄色的香蕉、绿色的蔬菜、蓝色的天空、青色的湖水等。当物体的表面特性发生变化时，其颜色也随之发生变化，比如，很多水果（如香蕉、橘子、苹果等）在成熟前后颜色的差别很大。

最后，颜色是观察者的反应。颜色并不是一种实实在在的东西，而是观察者对客观物体颜色的一种感觉，同样一个物体，不同的观察者观察时，产生的颜色感觉可能是不同的。例如，让不同的观察者来观察两个颜色差别很小的物体时，对颜色比较敏感的观察者可能可以感觉到两个颜色的不同，而对颜色不敏感的观察者来说，两个物体的颜色根本没有什么区别。又比如，一个彩色的物体，对于视觉正常的观察者来说，它是彩色的，而对于有视觉缺陷的全色盲观察者来说，它却是灰色的。

综上所述，颜色视觉的产生是由光源、颜色物体和观察者三个因素共同作用的结果。颜色视觉的形成过程是由不同波长的光波引起观察者的一种感觉。光波是由光源（包括太阳光和各种人工光源）发出的，光源发出的光照射在物体表面，经过物体对光选择性的吸收、反射或透射之后，其光波的组分将被物体改变，改变后的光波组分作用于观察者，引起观察者的视神经细胞产生神经兴奋，并传入大脑，然后由大脑判断出该物体的颜色，如图 1-4 所示。这三个因素缺一不可，如果这三个因素中的任何一个发生了变化，颜色感觉也会有所不同，即观察者看到了不同的颜色。

有趣的是，颜色视觉形成过程中的三个因素代表了三个自然科学学科，即物理学、化学和生物学。理解光对于颜色感觉的影响将引导人们进入颜色物理学；理解物体如何改变了光的波长组分则涉及表面化学，以及物体表面的分子和原子是怎样吸收光能的问题；而理解观察者眼睛和大脑神经的特性将人们带进了生物学领域。因此，颜色视觉是一种非常复杂的现象。

知识点测试：颜色视觉
产生的过程

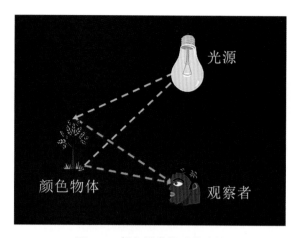

图 1-4　颜色视觉的形成过程

**学以致用：**现实生活中，很多水果和蔬菜（如苹果、香蕉、辣椒等）在不同的生长期，虽然都是在太阳光照射下，但它们呈现出的颜色是不同的，这是为什么？

## 知识点 2　光源

颜色视觉形成的第一个因素就是光源。光源是指自身能够发光的物体。光源可以分为自然光源（如太阳光）和人造光源（如白炽灯、日光灯、卤钨灯）。不同的光源可以发射不同颜色的光，同一物体在不同的光源照射下，可能有不同的颜色感觉，因而，光源的特性决定了观察者对物体颜色的感受。

### 1. 可见光谱

光是指能够在观察者的视觉系统上引起明亮颜色感觉的一种电磁辐射。光只是电磁辐射的一部分，并不是所有的电磁辐射都能引起观察者的视觉反应，将光子在时空中传播时所具有的全部波长范围称为光谱。而光谱中只有 380 ~ 780 nm 这一个很小的范围能够对观察者的眼睛产生刺激，人们称为可见光谱，或简单地称为光，如图 1-5 所示。

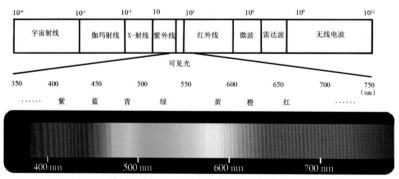

- 380 nm以下：紫外线 (Ultraviolet)
- 380~450 nm：紫 (Violet)
- 450~490 nm：蓝 (Blue)
- 490~560 nm：绿 (Green)
- 560~590 nm：黄 (Yellow)
- 590~630 nm：橙 (Orange)
- 630~780 nm：红 (Red)
- 780 nm以上：红外线 (Infrared)

图 1-5　可见光谱

　　人们的眼睛仅对光谱的一小段有反应。在可见光谱中不同的位置引起的视觉反应也不同，如图1-5所示，从可见光谱的右端到左端依次会引起红、橙、黄、绿、青、蓝、紫等颜色感觉。例如，560 ~ 590 nm 的光引起的颜色感觉为黄色，590 ~ 630 nm 的光引起的颜色感觉为橙色，可见光谱中各种色光依次连续地过渡到另一种颜色，彼此并没有明显的分界。

　　可见光谱是牛顿通过色散实验发现的，如图1-6所示，他让白光通过一道狭缝并引入暗室，照射到一个三棱镜上，经三棱镜折射后在三棱镜另一侧的白纸屏幕上形成了一条彩色的光带，光带上色光的排列顺序为红、橙、黄、绿、青、蓝、紫，这就是可见光谱。

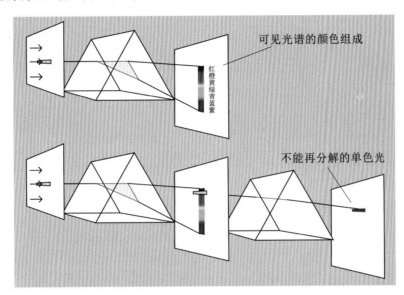

**图 1-6　牛顿的色散实验**

　　通过色散实验可以看出，白光实际上是由各种色光组成的。这些色光不是由三棱镜创造出来的，三棱镜仅仅是把白光中原有的这些色光分解出来而已。在现实生活中，雨后的彩虹实际上就是自然光色散的一个典型例子。人们将由多种不同波长的光混合出来的光称为复色光，因此，白光为复色光，自然界中的日光、火光及人造光源的白炽灯、荧光灯、氙灯所发出的光均为复色光。

　　如果将白光色散后得到的任一色光再通过一道狭缝，照射到另一块三棱镜上，这一束彩色光经三棱镜折射后只是向三棱镜底部偏折，并不能再被分解成其他色光，如图1-6所示。这一实验表明，白光色散后得到的每一种色光均只有一种成分，且只有一个波长。只有一个波长且不能再分解的光称为单色光。

　　在颜色复制过程中，人们通常只关心可见光谱中的颜色，但有时也需要注意一下邻近可见光范围的那一部分光谱成分，如图1-5中的红外线（Infrared）和紫外线（Ultraviolet）。位于可见光谱右侧的红外线经常会给数码相机带来麻烦，因为数码相机中用于感光的电荷耦合器件（Charge Coupled Device，CCD）对红外线非常敏感，所以很多数码相机都会在芯片和镜头前安装红外线滤镜。而位于可见光谱左侧的紫外线也需要引起注意，因为印刷生产过程中所用的纸张和油墨经常含有荧光增白剂，这些荧光增白剂能吸收紫外线并激发出带蓝色的可见光。由于人们的眼睛有白点适应的功能，所以会使印刷品颜色看起来更白和更亮，但这样会给颜色测量带来麻烦，因为颜色测量仪器在测量颜色时不会像人眼那样有白点适应功能，因此，它们检测这类印刷品时显示偏蓝色，导致测量结果与人眼感觉不一致。

　　**学以致用：**前些年，国内曾出现过幼儿被紫外线灼伤事故，室内照明能否使用紫外线灯？为什么？如何识别紫外线灯？使用紫外线灯时要注意什么问题？

### 2. 光源的相对光谱功率分布

光源在颜色复制过程中起到非常重要的作用，拍摄彩色原稿、扫描彩色原稿、制版、测量印刷品、观察印刷品等都需要用到光源。在不同的光源下，彩色原稿的拍摄效果、扫描效果、分色效果、测量及观察效果是不同的。因此，在颜色复制过程中必须对所用的光源进行规范。人们通常采用光源的色温及光源的显色指数两个指标来评价光源的颜色特性，而这两个指标是由光源的相对光谱功率分布决定的。

一般光源发出的光是由许多波长不同的辐射光组成的。由于各类光源发光物质的成分及发光原理的差异，导致各个波长辐射光的辐射功率不同，将光源的光谱辐射功率按波长的分布状况称为光源的光谱功率分布。光源的光谱功率分布可以用曲线来表示，以波长为横坐标，以波长辐射的光能量的绝对值为纵坐标绘制成的曲线，称为光源的绝对功率分布曲线。为了表达方便，实践中通常取波长为 555 nm 的可见光辐射能量值为 100，以此作为参考点，其他各波长辐射的光谱能量值与之比较而得出相应数值，然后以波长为横坐标，相对光谱能量为纵坐标，就可绘制出光源的相对光谱功率分布曲线，如图 1-7 所示。

一定的光谱功率分布表现为一定的光色，如果光源的辐射光谱中长波段的辐射功率大，则光源的光色就会偏红；反之，辐射光谱中短波段的辐射功率大，则光源的光色就会偏蓝，如图 1-8 所示为日光、灯泡及交通红色指示灯的相对光谱功率分布。

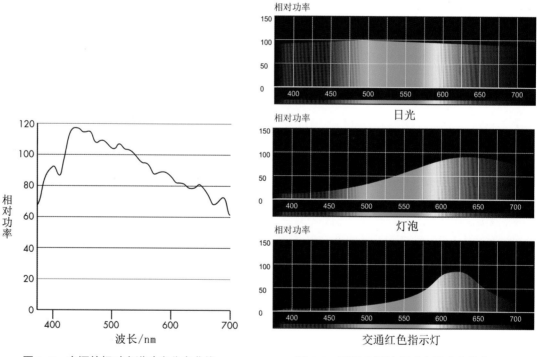

图 1-7　光源的相对光谱功率分布曲线　　　　图 1-8　不同光源的相对光谱功率分布

根据光源的相对光谱功率分布曲线的形状特点，可以将常见光源的光谱分为连续光谱、线状光谱、带状光谱和混合光谱四种。

（1）连续光谱。在整个可见光谱波长范围内发出包含各种色光在内的连续彩色光带称为连续光谱，如图 1-9 中的 a 和 c。其中 a 代表日光，它除了在蓝紫色波段能量稍低外，在其余波长能量分布比较均匀，基本上是白色的。c 代表白炽灯光源，它在短波蓝色波段的辐射能量比较低，而在长波红色波段有相对较高的能量，因此，白炽灯发出的光偏黄红色。

（2）线状光谱。光源只在某几个波长处发出狭窄的谱线称为线状光谱。如图1-9中的d，它代表红宝石激光，只有一个波长，属于单色光，另外低压钠灯也属于线状光谱。

（3）带状光谱。光源发射的光谱在某些波段成一定宽度的带状称为带状光谱，如图1-10所示。高压汞灯和碳弧灯都属于带状光谱。

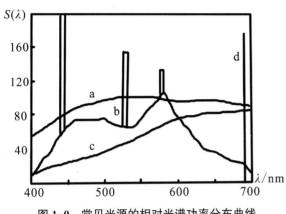
图1-9　常见光源的相对光谱功率分布曲线

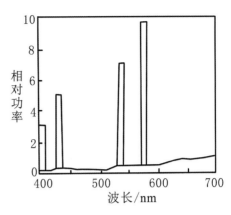
图1-10　带状光谱

（4）混合光谱。光源的发射光谱既有连续光谱，又夹杂着带状光谱的情况，如图1-9中的b，它代表日光灯，其光谱是连续的，但又分别在多个波段出现带状光谱。

一般来说，在颜色复制过程中，无论是原稿拍摄与扫描，还是颜色测量与印刷品观测，都应该选择具有连续光谱或混合光谱的光源，这样才能在复制或观察颜色时，避免产生颜色误差。

### 3. 光源的色温

光源的光谱功率分布不同，发射出来光的颜色也不同。人们通常采用颜色温度这个概念来描述光源的颜色，简称为色温。人们在日常生活中发现，有些黑色物体（如煤块、铁块）被加热后发出光的颜色与加热的温度有关。于是人们发明了用温度值来表示光源颜色的方法，相对于相对光谱功率分布来说，这种方法更加简单。

在实际应用中，人们是以绝对黑体的温度与其相对应的光谱功率分布作为标准来衡量光源的颜色的。绝对黑体是指能100%地吸收任何波长的光辐射的物体。在自然界中，理想的绝对黑体是不存在的，人们设计出了以耐高温金属材料制作的黑体，如图1-11所示。这种黑体是一个开有小孔的封闭空腔，内部涂黑，由极小的小孔射入的光线经腔体内的多次反射和吸收，几乎难以射出，因而近似具有绝对黑体的特点。

将该黑体加热时，随着温度的升高，黑体吸收的能量将以光的形式由小孔向外辐射。人们将黑体辐射出的光谱功率分布及对应的温度值测量记录下来，就得到了绝对黑体的相对光谱功率分布曲线图，如图1-12所示。

当某一光源发出的光的颜色与黑体在某一温度时发光的颜色相同，即光源的光谱功率分布曲线与黑体某一温度下的曲线吻合，则黑体的这一温度值就称为该光源的色温。色温采用绝对温度表示，单位为开尔文，简称开，符号为K。

为了确定光源的色温，需先使用光谱辐射计测出待测光源的光谱功率分布并绘出相对光谱功率分布曲线，再与绝对黑体的相对光谱功率分布曲线图进行比较，找出与待测光源光谱功率分布曲线吻合的一条曲线，其对应的绝对温度值就是待测光源的色温。例如，某白炽灯的相对光谱功率分布曲线与黑体在3 000 K的曲线相同，则此灯的色温就是3 000 K，即白炽灯的颜色与黑体加热到3 000 K时发出的光的颜色相同。

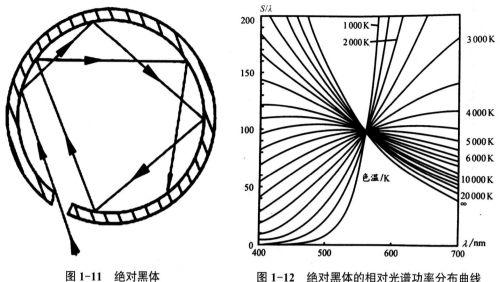

图 1-11　绝对黑体　　　　　　图 1-12　绝对黑体的相对光谱功率分布曲线

并不是所有光源发出的光的颜色都能与黑体加热后形成的光的颜色相同，此时只能选用与黑体最接近的光的颜色来确定该光源的色温。如果某一光源发出的光的颜色与黑体在某一温度时发射出的光的颜色相近，即光源的光谱功率分布曲线与黑体某一温度下的功率分布曲线接近，则将黑体这一温度值称为该光源的相关色温。表 1-1 列举了不同光源对应的色温值。

表 1-1　不同光源的对应色温值

| 光源名称 | 相关色温 $T/K$ | 显色指数 $Ra$ | 一般用途 |
|---|---|---|---|
| 太阳 | 6 000 | 100 | 照明 |
| 白炽灯（500 W） | 2 900 | 95 ~ 100 | 室内照明、仪表光源 |
| 碘钨灯（500 W） | 2 700 | 95 ~ 100 | 室内照明、仪表光源 |
| 溴钨灯（500 W） | 3 400 | 95 ~ 100 | 室内照明、仪表光源 |
| 日光灯（日光色 40 W） | 6 600 | 70 ~ 80 | 室内照明 |
| 高显色性日光灯（40 W） | 5 000 ~ 7 000 | 90 ~ 95 | 博物馆照明观测颜色 |
| 镝灯（1 000 W） | 4 300 | 85 ~ 95 | 室内照明、仪表光源 |
| 脉冲氙灯（400 W） | 6 000 | 94 ~ 95 | 室内照明、仪表光源 |
| 频闪氙灯（400 W） | 5 600 | 94 ~ 95 | 室内照明、仪表光源 |
| 高压钠灯（400 W） | 1 900 | 20 ~ 25 | 路灯 |
| 高压汞灯（400 W） | 5 500 | 20 ~ 25 | 路灯 |

很明显，相对于光谱功率分布曲线来说，利用色温来表示光源的颜色，更加方便。但需要指出的是，色温只是用温度值来描述光源颜色的一种量值，它与光源发光时本身的温度并没有关系。

从绝对黑体的相对光谱功率分布曲线可以看出，当黑体的温度较低时，黑体发出的光波主要为红光和黄光。例如，当温度为 2 000 K 时，其颜色一般为暗红色；当温度逐渐升高，从 3 000 K 到 4 000 K，黑体的颜色由暗红色转为橙色再到黄色；从 5 000 K 到 7 000 K，黑体发光的可见光谱曲线相对平缓，产生了一种中性白色；色温高于 9 000 K 以上时，辐射以短波为主，发出偏蓝色的光。在颜色复制过程中，对光源的色温要求非常严格。按照我国印刷行业的标准规定，观察透射样品时，光源的相关色温为 5 003 K；观察反射样品时，光源的相关色温为 6 504 K。

### 4. 光源的显色指数

衡量光源颜色的指标除了色温外，还有显色性。色温是表示人们直接观察光源时所看到的光源的颜色。显色性则是衡量光源照射在物体上后，显示物体颜色的能力。由于人们长期习惯在日光下分辨颜色，尽管日光的颜色会随着气候及时间的不同而产生变化，但人眼分辨颜色依然比较准确，因而日光是显色性最好的光源。

同一颜色样品置于不同的光源下，可使人眼产生不同的颜色感觉。为了评价不同光源的显色性，可以用日光作为标准，将白炽灯、荧光灯、钠灯等人造光源与其比较。国际照明委员会 CIE（英语：International Commission on Illumination，法语：Commission Internationale de l' Eclairage）对光源显色性评价作了规定：当待测光源色温低于 5 000 k 时用绝对黑体作为参照标准光源；当待测光源色温高于 5 000 k 时，采用标准照明体 D 作为参照标准光源。为了检验物体在待测光源下所显现的颜色与在参照光源下所显现的颜色相符的程度，采用"显色指数"作为定量评价指标。显色指数最高为 100，显色指数的高低，就表示物体在待测光源下"变色"和"失真"的程度。例如，在日光下观察一件印刷品，然后拿到高压汞灯下观察，就会发现印刷品上的某些颜色会变色，如果拿到黄色光的低压钠灯下观察，则颜色失真会更厉害，因为低压钠灯的显色指数更低。

光源的显色性是由光源的光谱功率分布所决定的。日光、白炽灯具有连续光谱，与之相似的连续光谱的光源均有良好的显色性。如果光源的光谱能量分布很不连续，则光源的显色性必然低，颜色再现的失真必然大。通常，显色指数在 75 ~ 100 的光源属于显色性优良的光源；显色指数在 50 ~ 75 时，显色性一般；显色指数小于 50 时，则光源的显色性差。在颜色复制过程中，一定要选择具有连续或近似连续光谱的自然光源或人造光源，才能使颜色复制失真度小，颜色还原效果好。如果光源的光谱功率分布很不连续，则颜色复制的失真必然很大，甚至使印刷品的颜色"面目全非"。

### 5. 标准照明体与标准光源

测量物体表面的颜色，必须在一定的光源下进行。但同一物体在不同的光源条件下，其表面颜色是不同的。在日常生活中，人们通常在日光下观察颜色，日光有很多时相，如日出后、日落前的日光，直射日光，阴天的日光等。另外，人们也经常在人造光源下观察物体的颜色，如在白炽灯或荧光灯下看颜色，不同时相的日光和人造光源有不同的光谱功率分布，因此，在它们的照射下，物体的表面呈现略有不同的颜色。在实际应用中，不可能也不必要在各种光源下观察颜色和测量颜色，而只需在约定的某一具有代表性的光源下标定物体的颜色。因此，为了统一颜色测量的标准，国际照明委员会推荐了一系列标准照明体和标准光源。

（1）标准照明体是指特定的光谱功率分布，它们并不是必须由一个直接光源来提供，也不一定能由光源来实现。CIE 推荐的标准照明体是由相对光谱功率分布来定义的，常用的标准照明体有：

标准照明体 A：代表绝对黑体在 2 856 K 时发出的光，光色略偏黄，它代表一种钨丝灯的典型光谱功率分布曲线，如图 1-13 中的 A 曲线。

标准照明体 B：代表相关色温约 4 874 K 的直射阳光，它的光色相当于中午的阳光，如图 1-13 中的 B 曲线，一般很少使用。

标准照明体 C：代表相关色温为 6 774 k 的平均日光，它是早期对日光的模拟，如图 1-13 中的 C 曲线，已经基本上被标准照明体 D 替代。

标准照明体 D：这是一系列代表不同时相日光的标准照明体，最常用的是 D50 和 D65，分别代表相关色温为 5 003 K 和 6 504 K 的平均日光。D65 的相对光谱功率分布曲线如图 1-13 中的 D65 曲线。

标准照明体 E：一种理论上"等能"的照明体，不代表任何真实光源，多用于计算时使用。

标准照明体 F：一系列"荧光"照明体，代表了各种常用的荧光灯的波长特性。

（2）标准光源是用来模拟标准照明体，是由国际照明委员会规定的人造光源，它们实际上就是要复制出相应照明体的相对光谱功率分布。CIE 推荐的标准光源有以下几种：

标准光源 A：是指色温为 2 586 K 的充气钨丝灯，发出偏黄色的光。

标准光源 B：由标准光源 A 加一组特定的戴维斯 - 吉伯逊液体滤光器，产生相当于色温为 4 874 K 的辐射，接近于中午的日光。

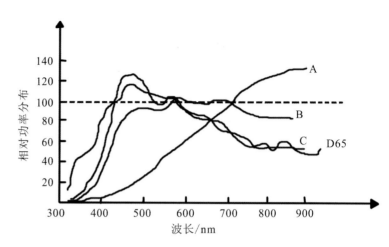

图 1-13　标准照明体的相对光谱功率分布曲线

标准光源 C：由标准光源 A 加另一组特定的戴维斯 - 吉伯逊液体滤光器，产生相当于色温为 6 774 K 的辐射，相当于有云时的日光。

**学以致用：**印刷生产对颜色复制的准确性有非常高的要求，因此，对印刷生产过程中使用的光源有严格的要求。如果让你选择适合在印刷生产中评价印张颜色复制质量的光源，应该如何选择？

知识点测试：光源

### 知识点 3　颜色物体

颜色视觉形成的第二个因素是颜色物体。颜色与自然界中几乎所有物体都有关系，因为几乎各种物体都有自己的颜色，当光照射到物体上，在看到了物体的同时也看到了物体的颜色。光线照射到物体上时，会产生诸如吸收、反射、透射、散射、折射、衍射以及干涉等许多物理现象，物体与光的相互作用使物体呈现出一定的颜色。

物体呈现颜色的方式很多，如吸收成色、色散成色、荧光成色、干涉成色等。前面提到的三棱镜成色就属于色散成色，三棱镜使白光发生折射，从而产生彩色，钻石在光照时流光溢彩也属于色散成色。干涉成色是指光在某些物体表面因干涉现象而产生颜色。例如，水面上的油花，鸟类闪光的羽毛，五彩斑斓的肥皂泡，以及光亮的珍珠与贝壳，均属于干涉成色。荧光成色是指有些物体的原子和分子具有一种特殊的能力，它们可以吸收一定能量的光子，然后释放出能量低一些（波长更长一些）的光子，它们可以将某种不可见光转化为可见光波。例如，洗涤剂中的荧光增白剂可以将不可见的紫外线转化为可见蓝光，从而弥补纺织品的逐渐变黄。色散成色、荧光成色和干涉成色等物体成色方式对颜色复制来说意义不大，均不作为我们的重点研究对象。

吸收成色是指物体通过对光的吸收、反射或透射形成颜色。日常生活中的大多数物体及颜色复制过程中的彩色原稿、彩色油墨、彩色印刷品均以吸收成色方式产生颜色，因此，吸收成色方式与颜色复制工作有着密切的联系，是我们需要重点研究的内容之一。

当光照射到颜色物体上时，由于不同物体具有不同的化学成分和结构形式，物体会对入射光做出吸收、反射和透射等不同的反应，反射或透射的光进入人的眼睛，人的视觉器官就看到了物体的颜色，如图 1-14、图 1-15 所示。

人们在自然界中看到的所有非发光物体都能呈现一定的颜色，人们往往认为这些颜色是物体本身所固有的，在什么情况下也不会改变，其实这种看法是错误的。因为颜色的起源是因为有光，有光才有色，没有了光的存在，也就谈不上什么物体的颜色了。发光物体只有在光的照射下才能呈现颜色，如果没有了光，根本看不到物体，自然也就看不到颜色。

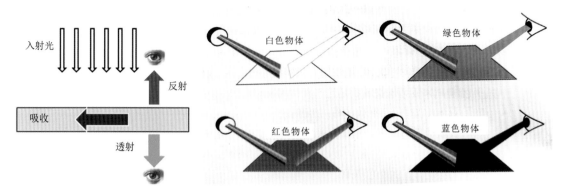

图 1-14　颜色物体对光的透射、　　　　　　　图 1-15　物体呈色原理
　　　　　吸收和反射

### 1. 吸收

不同物体由于其分子和原子结构不同，具有不同的本征频率。当入射光照射在物体上时，某一光谱的频率与物体的本征频率相匹配时，物体就吸收这一波长光的辐射能，这就是光吸收。物体吸收了部分可见光的能量，致使光的强度变弱，并使物体呈现出某种颜色。物体对光的吸收通常分为选择性吸收和非选择性吸收两种情况。

选择性吸收是指白光照射在物体上，物体对不同波长的光具有不同的吸收率，对某些波长的光吸收多些，对某些波长的光吸收少些。这种不等量吸收入射光的现象使物体呈现彩色，因为经过选择性吸收以后，其反射或透射的光与入射光相比，不仅能量上有所减弱，光谱成分也发生了改变。例如，当日光照射到红色的物体上时，物体将 600 ~ 700 nm 的红段光线反射，同时吸收了 400 ~ 600 nm 的蓝、绿段光线，反射的红光刺激人眼，所以人眼看上去物体呈红色。

非选择性吸收是指白光照射到物体上时，该物体表面对白光中光谱各段的辐射能做等量吸收，而反射或透射光的光谱组成比例不会改变。物体对入射白光进行不同程度的非选择性吸收后所呈现的颜色，就是从白到黑的一系列中性色，即非彩色。如果物体对入射白光进行程度极小的非选择性吸收，则绝大部分入射光被反射或透射出来，这种物体色就是白色。如果物体对入射白光等比例吸收一部分，反射或透射另一部分，这种物体就呈现灰色，根据等比例吸收量的多少，可以呈现出不同深浅的灰色，吸收越多，灰色越深；吸收越少，灰色越浅。如果物体对入射白光全部等比例吸收，几乎很少有光被反射或透射出来，那么该物体就是黑色。

### 2. 透射

透射是入射光照射在物体上，经过折射穿过物体后的出射现象。被透射的物体为透明体或半透明体，如玻璃、滤色片等。为了表示透明体透光的能力，通常用入射光通量 $\phi_i$（光通量的概念将在光谱光视效率这一部分介绍）与透过后的光通量 $\phi_\tau$ 之比来表示光的透射率，即

$$透射率 \ \tau = \frac{\phi_\tau}{\phi_i} \tag{1-1}$$

从颜色的观点来说，每一个透明体对光的透射效应，都能够用光谱透射率分布曲线来描述。光谱透射率是指从物体透射出的波长 $\lambda$ 的光通量 $\phi_\tau(\lambda)$ 与入射到物体上的波长 $\lambda$ 的光通量 $\phi_i(\lambda)$ 之比。其可以表示为

$$光谱透射率 \ \tau(\lambda) = \frac{\phi_\tau(\lambda)}{\phi_i(\lambda)} \tag{1-2}$$

透明体并非无色透明，也可以是彩色透明的，如颜色复制过程中用到的红、绿、蓝彩色滤色片。彩色透明体的颜色是由它本身对入射光经过选择性吸收后透过去的色光决定的，透射什么色光，透明体就呈现什么颜色。例如，让白光照射到绿色滤色片上，白光经绿色滤色片吸收后透过的色光将只有绿色，因而看到的滤色片是绿色的；如果让白光通过蓝色滤色片，则透过的色光为蓝色；如果让白光通过红色滤色片，则透过的色光为红色。

### 3. 反射

对于不透明的物体，它们的颜色与物体本身对光的吸收和反射情况有关。例如，当白光照射到一朵红花上，由于红花本身的化学成分和结构特性，决定了它能有选择性吸收白光中的蓝光和绿光，只反射红光，反射出来的红光作用于人的眼睛后，能产生红色感觉。如果不是白光而是蓝光作用在红花上，由于红花能选择性吸收蓝光，结果没有任何光反射出来，人的眼睛接收不到任何色光，从而感觉红花是黑色的。由此可见，物体对入射光进行选择性吸收后，反射光只是入射光的一部分，与入射光相比，反射光的亮度会减弱，光谱成分也与入射光有所不同。因此，对于不透明物体来说，它的颜色是由它本身经过选择性吸收后反射出来的色光决定的，反射什么色光，物体就会呈现什么颜色。

物体反射光的程度可用反射率 $\rho$ 来表示，它为物体表面反射的光通量 $\phi_\rho$ 与入射到物体表面的光通量 $\phi_i$ 之比。其可表示为

$$反射率 \ \rho = \frac{\phi_\rho}{\phi_i} \qquad (1-3)$$

从颜色的观点来说，每一个物体对光的反射效应，都能够用光谱反射率分布曲线来描述。光谱反射率是指从物体透射出的波长 $\lambda$ 的光通量 $\phi_\rho(\lambda)$ 与入射到物体上的波长 $\lambda$ 的光通量 $\phi_i(\lambda)$ 之比。其表示为

$$光谱反射率 \ \rho(\lambda) = \frac{\phi_\rho(\lambda)}{\phi_i(\lambda)} \qquad (1-4)$$

在颜色复制过程中，印刷品的呈色过程实际上是一个透明体与不透明结合呈色的过程。印刷品上的油墨层是透明体，而印刷纸张是不透明体，当白纸上印刷一层绿色油墨后，在白光照射下，油墨层中的绿色会有选择性的吸收白光中的红光和蓝光，只让绿光透过，透过的绿光到达白纸后，被白纸全部发射出来，被反射出来的绿光再一次透过绿色墨层，然后作用于人的眼睛，使人产生绿色感觉。在这个印刷品呈色过程中，发生了绿色墨层选择性吸收红光和蓝光、透过绿光，白纸反射绿光，反射绿光再一次透过绿色墨层三种光反应，最终才看到了墨层的绿色。

**学以致用**：第五套人民币 100 元面额的纸币上印刷有多种图案元素，请分析纸币上不同图案的成色方式。

## 知识点 4　观察者

颜色视觉形成的第三个因素是观察者，观察者是颜色视觉形成过程最复杂的一个因素。观察者的眼睛、视神经和大脑是形成颜色视觉的生理基础。人的眼睛是视觉器官的重要组成部分，它每天承担着繁重的捕捉外界光信息的工作，它提供了人所有感观系统所获信息总量的 80%。对于颜色复制工作者来说，了解眼睛的基本结构及其特性是十分必要的。

### 1. 眼睛的基本构造

人的眼睛是自然界中最精美的构造之一。它近似于一个球体，前极稍凸出，前后直径为 24 ~ 25 mm，横向直径约 20 mm。眼球由眼球壁和眼球壁内容物两部分组成，如图 1-16 所示。

（1）眼球壁。眼球壁由三层膜组成，最外层是角膜和巩膜。角膜在眼球的正前方，约占整个眼球的 1/6，是一层厚约 1 mm 的无色透明膜，其折射率为 1.336，具有屈光作用，光线经角膜屈折后进入眼内。巩膜约占整个眼球的5/6，厚度为 0.4 ~ 1.1 mm，是一层坚固的白色不透明膜，也就是人们常说的"眼白"，起到保护眼球的作用。

眼球壁的中层由虹膜、脉络膜和睫状体组成。虹膜是位于角膜之后的环状膜层，它将角膜和晶状体之间的空隙分

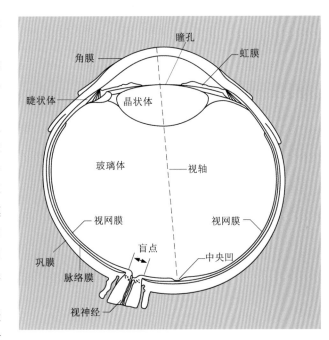

**图 1-16　眼睛的构造**

隔为两部分，即眼前房（角膜与虹膜之间）和眼后房（虹膜与晶状体之间），其内缘则形成瞳孔。虹膜的作用如同照相机镜头上的光圈，可以自动控制入射光量的大小，可以收缩和伸展，从而调节瞳孔大小，使瞳孔在光线较弱的环境下放大，在光线较强的环境下缩小，瞳孔直径最小时大概为 2 mm，最大时直径可达 8 mm。脉络膜紧贴在巩膜的内面，含有丰富的色素细胞，呈黑色，相当于照相机的暗箱，可以吸收进入眼球内的杂散光线，保证光线只从瞳孔内射入眼睛，以形成清晰的影像。睫状体位于巩膜和角膜的交界处的后方，由脉络膜增厚形成，内含平滑肌；它的作用是支持晶状体的位置，调节晶状体的曲率。

眼球内层为视网膜，贴在脉络膜的内表面，为眼球的最里层，是眼睛的感光部分，是一层透明薄膜，其中有视觉感光细胞，相当于照相机的感光材料。在眼球后极的中央部分，视网膜上有一处视觉感光细胞特别密集的区域，其颜色为黄色，称为黄斑，直径为 2 ~ 3 mm。黄斑中央有一个小凹，称为中央凹，它是视觉最敏锐的地方。离黄斑向鼻侧约 4 mm 处，有一圆盘状视神经乳头，它没有视觉感光细胞，没有感光能力，因此称为盲点，它是向大脑传递信号的通道。

（2）眼球壁内容物。眼球壁内容物包括晶状体、房水和玻璃体。晶状体为透明体，是双凸形的弹性固体，相当于照相机的镜头。它能由周围的肌肉组织调节厚薄，根据观察物体的远近自动拉扁减薄或缩圆增厚，对角膜聚焦后的光线进行更精细的调节，保证外界物体的影像恰好聚焦在视网膜上。在未调节的状态下，它前面的曲率半径大于后面的曲率半径，折射率从外层到内层为 1.386 ~ 1.437。

房水是水样透明的液体，其折射率为 1.336，由睫状体产生，充满于眼前房和眼后房。它的作用是维持角膜和晶状体无血管组织的新陈代谢，保持眼内压。

玻璃体是一种透明的半流体，呈胶状，位于晶状体和视网膜之间，内含星形细胞，外面包以致密的纤维层，即玻璃体膜。

晶状体、房水、玻璃体与角膜一起构成了眼睛的屈光系统。当外界物体发出的光线通过眼睛的屈光系统后，便会在视网膜上聚焦成像，视网膜的视觉感光细胞接受了光刺激后，迅速将信息通过视神经传递给大脑的视觉中枢，便产生了物体大小、形状及颜色感觉，即形成了颜色视觉。

（3）视觉感光细胞。视网膜是眼睛的感光部分，上面分布着大量的视觉感光细胞，根据这些细胞的形状可将它们分为锥体细胞和杆体细胞两种。

锥体细胞的长度为 0.028 ~ 0.058 mm，直径为 0.002 5 ~ 0.007 5 mm。杆体细胞比锥体细胞细长，其长度为 0.04 ~ 0.06 mm，平均直径只有 0.002 mm。在视网膜中央的黄斑部位和中央凹大约 3° 视角范围内主要是锥体细胞，几乎没有杆体细胞；在黄斑区以外杆体细胞逐渐增多，而锥体细胞大量减少。经研究发现，人眼中的锥体细胞大约有 650 万个，杆体细胞大概有 1 亿个。视网膜的中央凹每平方毫米有 14 ~ 16 万个锥体细胞；离开中央凹，锥体细胞急剧减少，而杆体细胞急剧增多，在离开中央凹 20° 的地方，杆体细胞的数量最多。

（4）暗视觉与明视觉。人眼视网膜上的两种视细胞对光的敏锐性是不同的。杆体细胞形状细长，可以接受微弱光线的刺激，分辨物体的形状和运动。这是因为杆体细胞为了能够在黑暗条件下感受外界微弱的光线刺激，往往很多个连在一起，向视神经传递光感信息，从而获得对光的高敏感性，但杆体细胞不能分辨物体的细节和颜色。一般来说，当外界光线的亮度低于 $10^{-3}$ cd/m$^2$ 时，人眼的视觉活动主要是视网膜上的杆体细胞起作用。正是因为杆体细胞对微弱光线极为敏感，人们才能够在月光下，甚至是星光下观察到物体的存在。人眼在黑暗条件的视觉功能称为暗视觉。

与杆体细胞不同的是，锥体细胞与视神经一般是一对一相连的，以便于在光亮条件下精细感受外界的光刺激，分辨物体的细节和颜色。锥体细胞的活动，只有外界光照条件达到一定亮度水平才能够被激发起来，称为明视觉。一般来说，当外界光照条件达到 3 cd/m$^2$ 以上时，人眼的视觉活动主要是锥体细胞起作用，它使人们能够分辨物体的细微结构和颜色，所以明视觉又称为颜色视觉。

当外界照明条件介于明视觉和暗视觉之间时，则视网膜上的锥体细胞和杆体细胞会同时起作用，称为中间视觉。对于从事颜色复制的工作者来说，主要研究的是锥体细胞的功能和明视觉的作用。

### 2. 光谱光视效率

光波是一种电磁辐射。一般来说，光的辐射能量越大，人眼感觉光越明亮，但这只能是对同一波长的光而言，对于不同波长的光来说，可能就不一定了，因为人眼对可见光谱范围内的不同波长光的辐射，具有不同的感受性。也就是说，辐射能量相同但波长不同的色光，作用于人眼后，在视觉上产生的明亮程度是不同的。如果把光谱中的各种色光比较一下，就会发现，虽然各种色光都是采用相同的能量投射的，但有的色光让人感觉比较明亮，有的则比较暗。人们总是感觉最亮的是黄绿色，最暗的是红色，其次是蓝色。

为了研究人眼对光谱不同波长色光的视觉感受性，物理学家测量了在明视觉和暗视觉条件下眼睛对等能光谱不同波长的光的视觉感受性，测量是在两种照明条件下进行的：在光亮条件下，让许多观察者调节光谱上不同波长的单色光去匹配一个固定亮度的白光，观察者分别调节各波长色光的强度，使之与标准白光在明度上匹配，然后测出各波长色光需要的能量；另外，在黑暗条件下，让观察者调节各波长色光的强度，直到达到视觉阈限水平，即刚可看到光亮的程度。将实验结果的相对辐射能量与波长作图，就得到图 1-17 所示的两条曲线。上面的曲线表示在明视觉条件下，用不同波长单色光匹配一定亮度所需的相对辐射能量，在光亮条件下，不同波长单色光匹配一定亮度所需的相对辐射能量，在 400 nm 附近需要很大的能量，在 555 nm 的黄绿色处降低到最小值，到 700 nm 以后再增到很大的能量，所以，人眼在 400 nm 和 700 nm 波段附近的感受性很低，而在 555 nm 时，人眼的感受性最高。上面的曲线代表了明视觉条件下锥体细胞的颜色视觉功能。下面的曲线代表了暗视觉条件下杆体细胞的视觉功能。这条曲线表明，在 400 nm 需要较高的能量才能达到视觉阈限，然后随波长的增加能量降低，最低值在 510 nm 附近，在这个波长以后能量需再度增加，在 700 nm 一端达到最大值。从两条曲线的关系可以看出，明视觉和暗视觉条件下，人眼对光谱上最敏感的色光是不同的。

在一个等能光谱上，即在各个波长的单色辐射能量相等的光谱上，人眼感受性最低的波段就是感觉到光谱最暗的部位，人眼感受性最高的波长就是光谱最明亮的部位。因此，人眼观察等能光谱上不同波长的相对明亮度与图 1-18 的能量曲线成倒数关系，即将曲线的纵坐标值反转过来就是光谱的相对明亮度曲线。

国际照明委员会根据物理学家的测量结果规定了明视觉和暗视觉的等能光谱相对明亮度曲线，简称明视觉曲线和暗视觉曲线。由两条曲线确定的函数称为"CIE 明视觉标准光度观察者"和"CIE 暗视觉标准光度观察者"，也称为明视觉和暗视觉光谱光视效率函数，因为它们代表光谱不同波长的能量对人眼产生光感觉的效率。

在实际应用中，为了使用方便，CIE 将两条曲线的最大值都归一为整数，对于明视觉规定 $V(555\ nm)=1$，对于暗视觉则规定 $V(507\ nm)=1$，使明视觉和暗视觉光谱光视效率都成为相对数值。因此，波长 $\lambda$ 的单色光辐射的相对光谱光视效率 $V(\lambda)$ 是在特定的光度条件下，当波长 $\lambda_m$ 和波长 $\lambda$ 的单色光的明亮感觉相等时，二者的辐通量之比，$\lambda_m$ 为光谱光视效率等于 1 的波长。在引起明亮感觉相等的条件下，波长 $\lambda$ 的单色光的光谱光视效率可用下式表示：

$$V(\lambda)=\frac{\phi_{\lambda_m}}{\phi_{\lambda}} \tag{1-5}$$

其中，$\phi_{\lambda_m}$ 和 $\phi_{\lambda}$ 分别表示波长 $\lambda_m$ 和 $\lambda$ 的辐射通量。

通过上述修订后，CIE 推荐的明视觉光谱光视效率曲线和暗视觉光谱光视效率曲线成为两条近似对称的圆滑钟形曲线，如图 1-18 所示。

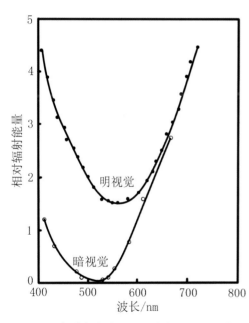

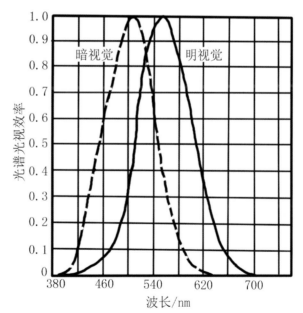

图 1-17　各波长色光匹配一定亮度需要的能量　　　图 1-18　明视觉与暗视觉的光谱光视效率曲线

CIE 明视觉和暗视觉光谱光视效率函数是光度学计算的重要依据。由于人眼对不同波长的色光的敏感性不同，一个光源的某些波长的光谱辐射可能是人眼感受不到的。人眼不能感受的光谱辐射，虽然客观存在，但对人眼不产生光感觉，所以它的光谱光视效率为 0。而那些人眼可以感受到的光谱辐射部分，由于人眼对各个波长的感受性不同，各个波段所产生的光感觉程度也不同。为了衡量不同波长的光在视觉上所产生的效果，还需要引入一个与辐射通量不同的物理量，这就是光通量。如果用 $\phi_e(\lambda)$ 表示辐射通量，用 $\phi_V(\lambda)$ 表示光通量，则光通量与辐射通量的关系可表示为

$$\phi_V(\lambda) = K \cdot V(\lambda) \cdot \phi_e(\lambda) \qquad (1-6)$$

其中，$V(\lambda)$ 为光谱光视效率，$K$ 为辐射能光当量，其数值为 683 cm/W。

由于人眼对各个波长的感受性不同，所以各个波段所产生的光感觉程度也不同。按照 CIE 光谱光视效率 $V(\lambda)$ 来评价辐射通量 $\phi_e(\lambda)$，即光通量 $\phi_V(\lambda)$，在整个可见光谱区间可以用下式表示：

$$\phi_V = K \cdot \int_{380}^{780} \phi_e(\lambda) \cdot V(\lambda) \cdot d\lambda \qquad (1-7)$$

### 3. 大脑

如果把人的眼睛称为颜色感受器，那么大脑可称为颜色感受识别器。人眼尽管接收了外界的光刺激，使物体或光线在视网膜上形成图像信息，但是，只有当这些信息通过视神经传输到大脑，经过记忆、对比与分析综合，在大脑中形成关于物体或颜色的性质特征，将人眼感受到的光刺激转化为颜色知觉，这时颜色视觉才算形成。

光作用于眼睛中的视网膜，刺激锥体细胞和杆体细胞引起兴奋，在兴奋过程中将各种刺激信息转换成神经冲动，这是形成颜色视觉的第一个环节；由感受器发出的神经冲动，通过视神经传导，最后透射到大脑皮层，引起大脑皮层的活动，神经冲动才最后转化为颜色视觉，在大脑中形成物体的颜色印象。

大脑是心理的器官。在人的大脑中记忆贮存了许多颜色感觉的经验，这些被记忆贮存的颜色经验，可以用来判断和预测颜色所产生的效果；反之，颜色效果又受人们过去的记忆经验、理解程度、精神状态及情绪所支配。在实际生活中，人们观察某种颜色，并不是孤立地只看到该颜色的个别属性，如色相、明度和饱和度，还会看到颜色的各种属性特征，是颜色的功能与效果经大脑加以综合、信息处理加工后，所产生的真实与效果的总体反映。比如，红色可以象征喜庆和欢乐，但可以作为车辆停止前进以及危险的信号。那么，在什么情况下象征喜庆和欢乐，在什么情况下表示停止前进和危险呢？这就与人们的经验、记忆和大脑的判断能力等心理因素有关了。因此，只有通过大脑对颜色刺激信号的识别、理解、判断才是颜色视觉形成的全部过程。在实际应用中，人们通过颜色搭配来塑造形象、美化生活、宣传商品，都是通过大脑的分析处理来决定的。

知识点测试：观察者

**学以致用**：为什么鸡和鸟在傍晚时就会回到鸡舍里或飞回自己的鸟巢里？

## ◉ 任务实施及评价 ········································································ ◉

任务实施

任务评价

## ◉ 拓展训练 ⎯⎯⎯⎯⎯⎯⎯⎯⎯⎯⎯⎯⎯⎯⎯⎯⎯⎯⎯⎯⎯⎯⎯◎

同一物体在不同光源照射下呈现的颜色是不同的。请准备四种以上的光源，分别比较同一图像在这四种光源照射下与在标准光源 D65 照射下呈现颜色的差别，分析这四种光源的色温和显色指数，并按照色温值和显色指数由低到高进行排序。

## 任务二　颜色视觉理论认知

## ◉ 任务描述 ⎯⎯⎯⎯⎯⎯⎯⎯⎯⎯⎯⎯⎯⎯⎯⎯⎯⎯⎯⎯⎯⎯⎯◎

在现实生活中，通常有些人存在色觉异常，如色弱、局部色盲或全色盲。色觉异常的人一般并不能察觉到自己存在色觉缺陷，因为色觉异常的人一般对明度非常敏感，他们可以依靠明度的差别来"辨认"颜色。请设计一套方案，对身边的同学进行色觉异常检测。

## ◉ 知识链接 ⎯⎯⎯⎯⎯⎯⎯⎯⎯⎯⎯⎯⎯⎯⎯⎯⎯⎯⎯⎯⎯⎯⎯◎

### 知识点 1　色觉缺陷

生活中有一些人由于先天的原因或者后天的疾病原因，他们的视觉功能存在缺陷，使他们对颜色的分辨能力异于视觉正常的人。根据他们对颜色的分辨能力，存在色觉缺陷的人通常可以分为色弱和色盲，而色盲又分为局部色盲和全色盲。

#### 1. 色弱

色弱患者对光谱上红色和绿色区域的颜色分辨能力比较差，只有当波长有较大变化并且光波有较高的强度时，才能区别出色调的变化来。在比较暗的照明条件下，他们可能将红色和绿色相互混淆，如果色弱的人对红色的辨别能力差，就属于红色弱，如果对绿色的辨别能力差，就属于绿色弱。事实上，色弱患者与颜色视觉正常的人之间并没有严格的界线，他们只是在辨别颜色能力的程度上存在差别。一般来说，色弱主要发生在男性身上，女性较少，红色弱的人大约占男性人口的1%，但绿色弱的人比较常见，大概占男性人口的4.9%。

#### 2. 局部色盲

局部色盲通常包括红绿色盲和黄蓝色盲，所以又称作二色觉者。红绿色盲是最常见的色盲类型，它又分为红色盲和绿色盲，患者主要是男性，其中红色盲的人约占男性人口的1%，绿色盲约占男性人口的1.1%。红绿色盲患者在整个可见光谱上只能分辨两个部分的颜色，短波端的蓝色和长波端的黄色，而对于红色和绿色都被看成是饱和度比较低的黄色。对红色盲患者来说，光谱上蓝色和黄色两种颜色之间（约在 493 nm）是没有色相的白光，叫作中性点，由该点向光谱两端过渡，两种颜色的饱和度逐渐增加，等能光谱上最明亮的部位与视觉正常的人相比向短波端位移了 15 nm，大约在 540 nm（视觉正常者在 555 nm）。红色盲患者对光谱上长波末端的感受性很低，可见光谱终止在 650 nm，更长波长的光只有在很高强度的时候才能分辨。红色盲患者分辨不出红色与蓝绿色的差别，将两者都看成是黄白色。对绿色盲患者来说，其光谱光视效率曲线与视觉正常者基本相同，在他们看来，在光谱上的黄蓝之间的 497 nm 附近有一个白色的中性点，由该点向光谱两端过渡，两种颜色的饱和度也逐渐增加。对光谱上长波末端的感受性略高于视觉正常者，绿色盲患者总是分辨不出紫红色和绿色的差别，总是将两者都看成是黄白色。

红绿色盲一般隔代遗传，男性患者通过第二代女性遗传给第三代男性，第二代女性只是色盲的传递者，她本身并不是红绿色盲，也就是说，男性红绿色盲患者通过女儿遗传给外孙。如果一个女性的父亲和外祖父都是红绿色盲患者，这时她才有可能是红绿色盲患者，因此，女性红绿色盲患者一般比较少。

局部色盲的另一种少见的类型是黄蓝色盲，黄蓝色盲者中几乎全部都属于蓝色盲，其中男性约占总人口的 0.002%，女性约占 0.001%，而且多数是因为视网膜疾病造成的。蓝色盲患者的光谱光视效率曲线基本上正常，他们只能看到一个红绿光谱，光谱长波末端是红色，大约在 570 nm 处有一个中性点。中性点向短波过渡是绿色或蓝绿色，其饱和度逐渐增加，在 470 nm 处饱和度达到最高，然后向短波末端降低至零，少数蓝色盲患者在短波末端仍可看到淡绿色或淡蓝绿色。蓝色盲患者分不清蓝紫色和绿黄色，总是将两者都看成是灰色。

### 3. 全色盲

全色盲患者也是罕见的，其中，男性大约占总人口的 0.003%，女性大约占总人口的 0.002%。在全色盲患者看来，光谱上没有彩色，只是一条不同明暗的灰带。全色盲患者只能根据明度辨认物体，这就如同颜色视觉正常的人用黑白电视机收看彩色电视节目一样，看不到彩色，只看到不同的明度对比。全色盲患者的视网膜缺少锥体细胞，或者锥体细胞功能丧失，既没有红—绿视色素，也没有黄—蓝视色素，只存在黑—白视色素，主要靠杆体细胞起作用。因此全色盲也称为锥体盲，一般都是先天性的。由于全色盲患者缺少锥体细胞，所以也缺乏视网膜中央区的锥体视觉，其视锐度很低。

值得注意的是，由于生活的经验及记忆色的原因，存在色觉缺陷的人往往不知道自己的颜色感觉与其他人不同。他们也用与视觉正常的人所用同样的颜色词汇去称呼他们自己所看到的一些熟悉的物体的颜色，而这些颜色实际上和视觉正常的人所看到的颜色并不完全相同。例如，对于红色盲患者来说，绿草坪在他看来是黄色的，但由于其周围的人都称之为绿草坪，所以他就认为他看到的这个颜色叫作"绿色"，并认为别人看到的绿色和他看到的"绿色"相同。在日常生活中，色觉缺陷的人看常见的有色物体时，各种颜色多少带有一些他们所看到的特有色调，同时这些物体的颜色又都具有其特有的明度，这些都能帮助他们说出物体的颜色名称。但一旦碰到陌生的彩色物体时，就会暴露出色盲患者的颜色视觉缺陷。

知识点测试：色觉缺陷

**学以致用：** 西班牙斗牛士在斗牛时，为什么通常使用红布，是因为牛对红色刺激非常敏感吗？

## 知识点 2　三色学说

三色学说最早是由英国医学家、物理学家托马斯·杨（T. Yong）提出来的。虽然人眼能分辨出自然界中的所有可见光，但是，人眼的视网膜上不可能有那么多感受所有可见光的视神经种类，他认为人的视网膜上只有感红、感绿、感蓝三种视觉神经纤维。当光刺激人的视觉器官时，感红神经纤维、感绿神经纤维、感蓝神经纤维对不同波长的光的感受是不同的。长波的光对感红神经纤维的刺激最强烈，中间波长的光对感绿神经纤维的刺激最显著，而短波长的光最能引起感蓝神经纤维的强烈兴奋。

后来，德国的生理、物理学家赫姆霍尔兹对托马斯·杨的学说进行了补充。他认为，视网膜上存在着感红细胞、感绿细胞和感蓝细胞三种不同的细胞。三种不同的细胞中有三种神经，即感红神经、感绿神经和感蓝神经，它们分别对可见光谱中的长波（红色光）、中波（绿色光）和短波（蓝色光）敏感。这三种对不同色光敏感的细胞，除了有各自的主感色光外，也能对其他不同波长的色光有一定感受兴奋水平，如图 1-19 所示。

根据三色学说，红、绿、蓝三种颜色感觉是这样产生的：若红光刺激人眼时，会引起视网膜上三种感色细胞的兴奋，但感红细胞的兴奋最强烈，其他两种感色细胞的兴奋则相对要小得多，视神经将这些信息传送给大脑，大脑就产生红色的感觉。绿光刺激人眼时，会引起视网膜上三种感色细胞的兴奋，但感绿细胞的兴奋最强烈，其他两种感色细胞的兴奋则相对要小得多，视神经将这些信息传送给大脑，大脑就产生绿色的感觉。同理，蓝光刺激人眼时，大脑就产生蓝色的感觉。

对于其他彩色来说，它们是感红、感绿、感蓝三种感色纤维中的任意两种或三种同时不同程度

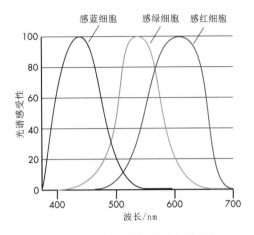

图 1-19　三种感色细胞的光谱响应

兴奋的结果。若感红细胞和感绿细胞同时感受刺激且兴奋程度相同时，视神经将这些信息传送给大脑，大脑就综合这些信息产生黄色感觉，随着感红和感绿细胞兴奋水平比例的不断变化，大脑将产生橙色或黄绿色等颜色感觉。同理感绿、感蓝两种感色细胞不同程度的兴奋，会产生青色、蓝绿色等颜色感觉。感红、感蓝两种感色细胞不同程度的兴奋，会产生品红色、蓝紫色等颜色感觉。

对于非彩色来说，它们是三种感色细胞同时且同等程度兴奋的结果，若三种感色细胞兴奋都很强烈且相等时就产生白色，三种感色细胞都不兴奋就产生黑色感觉，三种感色细胞兴奋程度比较低且相等时就产生较深的灰色感觉。

三色学说的最大优点是能够充分地解释颜色混合的现象。混合色是三种感色细胞按特定比例兴奋的结果。三色学说提出的三种感色纤维的兴奋曲线预示了现代色度学三刺激值的思想，在涉及颜色测量和数值计算时，三色学说理论与实验事实是完全相符的，因此，它是国际公认的现代色度学的理论根源。三色学说一直成功地指导着颜色技术的实践与发展，现代的颜色复制、彩色摄影、照相分色、图像扫描、显示器及彩色电视机都是建立在三色学说的基础上的。

**学以致用**：三色学说能解释全色盲和局部色盲现象吗？为什么？

## 知识点 3　四色学说（对立学说）

四色学说是由德国物理学家赫林（E. Hering）提出来的，又称为对立学说。赫林的理论是根据以下的观察得出来的：首先，有些颜色看起来是单纯的，不是其他颜色的混合，另外一些颜色看起来则是由其他颜色混合出来的。例如，一般人都会认为橙色是黄色和红色混合出来的，紫色是红色和蓝色的混合色，而红色、绿色、蓝色和黄色看起来却是纯色，它们彼此不相似，也不像是其他颜色的混合色，这是一种观察颜色时的自然心理感受。因此，赫林认为可能存在红、绿、黄、蓝四种心理原色。另外，找不到一种看起来是偏绿的红或偏黄的蓝，而只有偏黄的红，即橙色，以及偏绿的蓝，即青色，红色和绿色混合及黄和蓝色混合，得不出其他彩色，而只能得到灰色或白色。赫林认为，绿刺激可以抵消红刺激的作用，黄刺激可以抵消蓝刺激的作用。

根据这些现象，赫林提出了对立学说，假定在视觉机构中有三种对立视素，即红—绿视素、黄—蓝视素、黑—白视素。这三对视素的代谢作用包括建设（同化）和破坏（异化）两种对立的过程。图 1-20 所示为三种对立视素的代谢作用。$X$—$X$ 轴以上是破坏作用，$X$—$X$ 轴以下是建设作用，曲线 a、b、c 分别是黑—白视素、黄—蓝视素和红—绿视素的代谢作用。

**图 1-20　四色学说的视素代谢作用**

　　根据四色学说，三对视素对立过程的组合产生各种颜色感觉和颜色混合现象。白光刺激时，黑—白视素被破坏，引起神经冲动产生白色的感觉；无光刺激时，黑—白视素重新建立，引起神经冲动产生黑色的感觉；对于红—绿视素，红光起破坏作用，产生红色感觉，绿光起建设作用，产生绿色感觉；对于黄—蓝视素，黄光起破坏作用，产生黄色感觉，蓝光起建设作用，产生蓝色感觉。各种颜色又有一定的亮度，也就是都含有白光的成分，所以每一种颜色不仅影响本身的视素活动，也会影响黑—白视素的活动。当所有颜色都同时作用到各对视素时，红—绿视素、黄—蓝视素的对立过程都达到平衡，而只有黑—白视素活动，从而引起白色或灰色感觉。

　　四色学说能够很好地解释互补色混合产生白色的现象，这是因为互补色对某一对视素的两种对立过程形成了平衡的结果，而彩色光含有白色成分，所以会破坏黑—白视素，产生白色。另外，四色学说还能很好的解释负后像现象、同时颜色对比现象及色盲现象。

　　四色学说最大的缺点是不能解释红、绿、蓝三原色混合能产生光谱上一切颜色的颜色混合现象。

　　**学以致用：**请用四色学说分别解释红绿色盲为什么分不清红绿色，能分辨黄蓝色，黄蓝色盲为什么分不清黄蓝色，能分辨红绿色，全色盲只有黑白系列的颜色感觉？

## 知识点 4　阶段学说

　　三色学说和四色学说都只能解释某些颜色现象，都存在一定的局限性，在颜色视觉理论上一直处于对立的位置。随着科学技术的发展，人们逐渐对这两个学说有了新的认识，逐渐将两个学说统一起来发展成了现代颜色视觉理论——阶段学说。阶段学说的提出是以现代视觉生理学的研究结果为理论基础的。

　　现代视觉生理学发现，密集在人眼视网膜黄斑区的视锥细胞中的确存在三种不同的颜色细胞，根据它们对色光的敏感性分为感受蓝光的锥体细胞、感受绿光的锥体细胞和感受红光的锥体细胞三种。

　　另外，在对猿猴和鱼类的视网膜和视神经传导通路的研究中发现，一类细胞对可见光谱的全部波长都发生反应，而对 575 nm 一带的色光反映最强烈，这种细胞的光谱感受性可以认为是负责明视觉的。而在视网膜深处的一些细胞对红光产生正电位反应，对绿光发生负电位反应，还有一些细胞对黄光发生正电位反应，对蓝光发生负电位反应。因而，在视觉神经系统中可以分出光反应、红—绿反应、黄—蓝反应三种反应，这三种反应正好符合赫林的四色学说。

　　因此，阶段学说认为，人们在观察物体颜色时，光作用于视网膜锥体细胞的过程是一个三色机制，而在视觉信息向大脑皮层视区的传导过程中变成了四色机制。

　　根据以上情况，颜色视觉过程可分为以下几个阶段：

　　第一阶段：当光线进入人眼作用在视网膜上时，视网膜上有三种独立的锥体细胞，它们会有选择地吸收光谱不同波长的辐射，同时又能单独产生黑色和白色的反应。在强光的作用下产生白色的反应，外界无光刺激时便产生黑色的反应。

第二阶段：当神经兴奋由锥体细胞向视觉中枢的传递过程中，这三种反应重新组合，最后形成三对"对立"的神经反应，即红—绿反应、黄—蓝反应、黑—白反应，如图 1-21 所示。

第三阶段：大脑皮层的视觉中枢，接受这些输送过来的信息，产生各种颜色感觉。

综上所述，阶段学说认为，在颜色视觉的形成过程中，可能在视网膜感受器水平是三色的，符合三色学说的理论；而在视网膜感受器向大脑皮层传递信息的视觉传导通路水平则是四色的，符合赫林的四色学说；颜色视觉形成的最后阶段发生在大脑皮层的视觉中枢，在这里产生各种颜色感觉。可以看到，阶段学说很好地将三色学说和四色学说这两个似乎对立的学说统一起来。

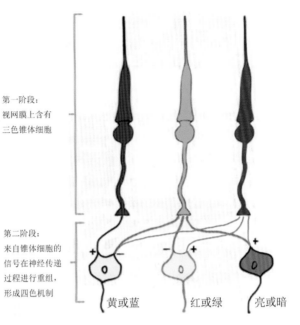

第一阶段：视网膜上含有三色锥体细胞

第二阶段：来自锥体细胞的信号在神经传递过程进行重组，形成四色机制

黄或蓝　红或绿　亮或暗

**图 1-21　阶段学说示意**

知识点测试：阶段学说

**学以致用**：请用阶段学说解释视觉正常的人为什么能看到各种各样不同明暗的彩色？

## ◉ 任务实施及评价

任务实施

任务评价

## ◉ 拓展训练

当颜色刺激空间频率较小时，颜色呈现出趋向于背景色的补色；当颜色刺激空间频率增大时，颜色刺激将呈现出与背景颜色混合后的颜色，如图 1-22 所示，请用颜色视觉理论进行解释。

**图 1-22　扩增现象**

## 任务三　颜色视觉现象认知

### ◉ 任务描述 ························································································ ◉

　　人们在观察颜色时，会受到光源、周围环境颜色的影响，假设你是一位从事印前处理与制作的工作人员，为了保证颜色复制质量，请从有利于准确复制颜色的角度，设计一个方案布置颜色复制工作环境。

### ◉ 知识链接 ························································································ ◉

#### 知识点 1　明适应与暗适应

　　颜色视觉是物理刺激作用于人眼后，在人脑中形成的一种主观映像，它的形成是光源、颜色物体、观察者三个因素共同作用的结果。颜色视觉的形成涉及多个科学领域。其中，光源与颜色物体是属于客观存在的物质，它们可以对人产生各种物理刺激，而且这种物理刺激的大小可以用物理仪器进行测量，属于物理学的范畴；人眼通过角膜、晶状体在视网膜上接收了某些物理刺激量，并将这些物理刺激量转化为生理反应通过视神经输送到大脑，这属于生理学的范畴；大脑根据它存储的经验和记忆，识别传输过来的信息，这属于心理学范畴。颜色视觉的形成是一个复杂的过程，在人们观察颜色的过程中，属于物理学范畴的客观物理刺激，有时往往与属于心理学范畴的主观映像并不一致。即在人的颜色视觉中关于颜色的主观心理映像与外界客观刺激的关系，并不完全服从物理学规律，从而产生很多颜色视觉现象，这是由于人们长期在自然环境中生活所具有的适应性所造成的。

　　当照明条件发生改变时，观察者的眼睛可以通过一定的适应过程对光的强度进行适应，以获得清晰的颜色视觉。这种适应能力通常包含明适应和暗适应。

　　当人们从光亮的地方移到黑暗的地方时，在黑暗中视觉的感受性逐步递增的过程称为暗适应。例如，从户外太阳光下走进光线较暗的室内（如电影院），开始会感觉什么都看不见，经过几分钟后，才能看清楚周围的物体。暗适应包括两个生理过程：瞳孔大小的变化和视网膜上感光化学物质的变化。一般来说，当人们从光亮环境中进入黑暗环境时，瞳孔的半径可从 1 mm 扩大到 4 mm，从而使人眼接收的光线增加 10 ~ 20 倍。暗适应的另一个生理过程是视网膜中杆体细胞感受性逐步提高的过程。在杆体细胞中存在一种紫红色的感光化学物质，叫作视紫红质。这种感光化学物质在强光的时候会被破坏褪色，但当眼睛进入黑暗中后，视紫红质又能重新合成而恢复其紫红色，随之提高眼睛视觉能力，完成暗适应过程。但是，红光不会破坏杆体细胞的视紫红质，所以红光不阻碍杆体细胞的暗适应过程。在黑暗环境工作的人们，如从事 X 光检查的医生，在进入光亮环境之前戴上红色眼镜，再回到黑暗环境时，他的视觉感受性仍能保持原来水平，不需重新暗适应。重要的信号灯、车辆的尾灯等采用红光也是利于暗适应的。例如，夜航飞机驾驶舱的仪表采用红光照明，既能保证飞行员看清仪表，又能保持视觉的暗适应水平，以利于在黑夜观察机舱外部的物体。

　　由于较强光线的连续作用，而引起视网膜对光刺激的敏感度下降，称为明适应。例如，人们从黑暗的电影院突然来到太阳光下，开始会感到光线耀眼，什么也看不见，经过一段时间后，眼睛又能逐渐恢复正常，能看清周围的景物。暗适应是眼睛对光的感受性提高的过程，明适应则是眼睛对光的感受性降低的过程。明适应是暗适应的逆过程，也包含两个生理过程：瞳孔大小的变化和视网膜上感光化学物质的变化。在明适应过程中，瞳孔缩小，半径由 4 mm 缩小为 1 mm，而杆体细胞中的视紫红质被破坏，使杆体细胞失去作用，在较强的光亮环境中，锥体细胞开始工作，从而使人又能看清物体的颜色与细节。

　　人眼视觉敏感性的一般变化规律：视觉敏感性提高的时间要比降低的时间长，也就是说暗适应要比明适应需要的时间长。

**学以致用**：晚上开车时，为什么不建议司机开远光灯？在地震灾害中救出埋在废墟中很多天的伤员，为什么要用黑布蒙住伤员的眼睛？

## 知识点2 颜色适应

### 1. 先后颜色对比

人眼适应于一定的颜色刺激后，再观察另一种颜色时，后面的颜色会发生变化，而带有原适应颜色的补色成分。例如，当眼睛注视图1-23（a）左边的红色圆圈几分钟后，再将视线移至图1-23（a）右边的白纸上，这时会感觉白纸并不是白色的，而是会出现一个与红色圆圈相同大小的浅青色的圆圈，但经过一段时间后这个浅青色的圆圈就消失了，通常将这个影像称为负后像。当眼睛注视图1-23（b）左边的白色圆圈几分钟后，再将视线移至图1-23（b）右边的白纸上，这时会感觉白色长方形中间会出现一个与左边白色圆圈同样大小的灰色圆圈，但经过一段时间后，这个灰色圆圈也会消失。人们将先看到的颜色对后看到的颜色的影响所造成的颜色视觉变化称为先后颜色对比。

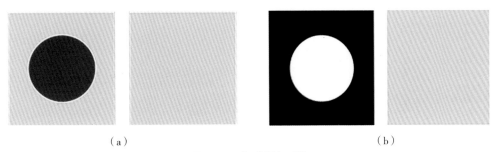

（a） （b）

**图1-23 先后颜色对比**

在不同的照明条件下观察颜色时也会发生先后颜色对比现象。例如，如果在色温为2 800 K的白炽灯照明的房间内观看一张白纸，然后将这张白纸立刻放到色温为5 800 K的日光下观察，则纸张显得稍微发蓝，经过几分钟后人眼就能逐渐适应日光，觉得纸张不再发蓝而是完全白的了。反之，再将这张白纸从日光下拿到白炽灯下，就会感到纸张带有白炽灯下的黄色，经过几分钟后，视觉适应了白炽灯的颜色，纸张又会趋向恢复为日光下的白色。显然，在这两次颜色适应过程中，纸张无论是从蓝变白，还是由黄变白，光源刺激并没有发生变化，而是人们的视觉改变了。这种情况主要表现在，当照明条件突然改变时，开始人眼会感觉到物体的颜色变化，发生颜色"失真"，但经过一些时间之后，眼睛便习惯了新的光源颜色，物体又重新显示出它原始的不失真的颜色外貌。

先后颜色对比产生的负后像现象在三色学说和四色学说中都能得到很好的解释。三色学说认为，当人观察物体颜色一段时间后，该物体颜色引起兴奋强烈的那种感色细胞就会疲劳，当人转而观察其他颜色时，由于这种感色纤维已经疲劳，所以兴奋比较小，而以前兴奋较小的另外两种感色细胞的兴奋就相对比较强烈了，从而产生与前一种颜色互补的颜色感觉。四色学说认为，在视网膜上，当前一种颜色的刺激停止时，与该颜色有关的对立过程就开始活动，因而当人们观察某一种颜色一段时间后转去观看另一种颜色时，会产生前一种颜色的补色感觉。

因此，对于颜色复制工作者来说，在观测颜色时，要注意避免先后颜色对比对观测结果的影响，保持对颜色的最初印象和新鲜感，不要在白炽灯或其他色温太低或太高即非标准光源下来观察颜色，以消除由于光源颜色不同引起的颜色适应的影响。另外，也不能戴着有色眼镜观察印刷品或物体颜色，以免眼镜的颜色影响印刷品或物体颜色的观察效果。

### 2. 同时颜色对比

相同物理刺激量的颜色，在不同的颜色背景下，人眼所接受到的刺激量会因背景色的不同而有不同的视觉感受。人们在观察物体颜色时，在观察的视场中，人们对一种颜色的感觉由于受到它邻近的其他颜色的影响而发生变化的现象称为同时颜色对比。也就是说当人们把两个色块放于同一视场中观察，与将两个色块分开单独观察的视觉效果是不同的。例如，中性灰色本身是无色彩的，但是它最容易受其他颜色对比的影响。在黄色背景中放置灰色块，就会呈现略带蓝色的灰色；如果背景是品红色的，就会呈现出略带绿色的灰色；如果背景是青色的，就会呈现略带红色的灰色；如果背景是蓝色的，就会呈现带黄色的灰色。将中性灰色置于彩色背景上观察时，中性灰色总是朝着背景颜色的补色方向变化。

　　同时颜色对比现象不仅会发生在一种灰色和一种强烈的彩色之间，也会发生在两种非彩色之间或两种彩色之间。例如，在图 1-24 中，A 和 B 两个色块颜色本来是相同的（见右图），由于 A 和 B 两个色块周围色块的颜色不同，即背景不同，与色块 A 相邻的色块是比较亮的灰色，而与色块 B 相邻的色块是比较暗的灰色，使得 A 和 B 两个本来相同的颜色在左图中给人两种截然不同的颜色感觉，色块 B 看起来要比色块 A 亮很多，这是由于相邻颜色的明度对比引起的颜色变化，即将同一颜色放在较暗的背景上要比放在较亮的背景上看起来更亮。

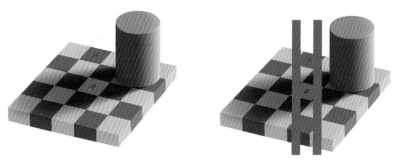

**图 1-24　非彩色同时颜色对比现象**

　　相同的彩色放在不同的彩色背景下，其视觉感知效果也会因背景颜色的不同而不同。在图 1-25中，将彩色放在一起观察产生的同时颜色对比现象，两幅图像背景均由等宽的黄蓝相间的线条组成，所有蓝色线条颜色都相同，所有黄色线条也有相同的颜色。左图中两组颜色相同的红色块，一组放在黄色线条上，一组放在蓝色线条上，结果显示两组色块颜色差别非常明显，放在黄色线条上的红色块显得比较暗且偏品红色，而放在蓝色线条上的红色块则偏橘黄色且显得更亮一些。同样，右图中分别放在黄色线条和蓝色线条上颜色相同的两组绿色块也显示出很大的颜色差异，放在黄色线条上的绿色块偏青色，放在蓝色线条上的绿色块偏黄绿色。左右两图中颜色完全相同的蓝色线条也存在较大的颜色差异，左图中的蓝色线条颜色深，右图中的则显得浅一些，两图中的黄色线条也存在相似的颜色差异，这些都是由于同时颜色对比现象引起的。

　　图 1-26 则表示了一种更加复杂的彩色同时颜色对比现象。其中，a 图为原始图像，b 图是在整个 a 图上加了青色滤色片，从而使整幅图像发绿，而 c 图则只将青色滤色片应用于 a 图中的香蕉部位。从 b 图和 c 图可以看出，虽然两幅图像的香蕉部位都是应用相同滤色片的结果，即它们的颜色相同，但两图中香蕉周围物体颜色不同，由于同时颜色对比，两张图中的香蕉颜色在视觉上存在很大的差异，b 图中香蕉偏黄色，而 c 图中香蕉颜色则显得更绿。

　　同时颜色对比现象可以利用四色学说来进行解释，当视网膜的某一部位正在发生某一对视素的破坏作用时，其相邻部位便发生建设作用。因此，放置在黄色背景上的灰色块会偏蓝色，放在蓝色背景上的红色块会偏橘黄色。

　　由于受同时颜色对比现象的影响，对于颜色复制工作者来说，在颜色复制过程中，当通过眼睛来评价颜色复制的准确性时，要注意背景对印刷品颜色的影响。因此，人们在观察印刷品颜色时，除了要求在标准光源下，还要求将印刷品放置在灰色背景上进行观察，以免彩色背景影响印刷品颜色的观察效果。

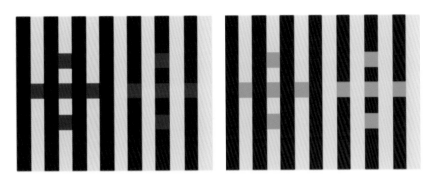

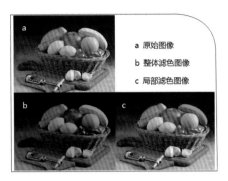

图 1-25　同时颜色对比现象

图 1-26　彩色的同时颜色对比现象

右上图标注：

a 原始图像
b 整体滤色图像
c 局部滤色图像

**学以致用**：一个不习惯戴眼镜的人突然戴上一副浅蓝色眼镜后，他观察外界景物起初看来会有什么变化？经过一段时间以后，又有什么变化？当他刚刚摘下浅蓝色眼镜时，外界景物有什么变化，再经过一段时间后，外界景物又会有什么变化？

知识点测试：颜色适应

## 知识点 3　同色异谱现象

　　同色异谱是指两个不同的颜色样品会产生相同颜色感觉的一种现象。这里不同的颜色样品是指两个物体具有不同的光谱特性，即两个物体在白光照射下，具有不同的光谱反射率或透射率曲线。由于颜色视觉的形成过程涉及光源、颜色物体和观察者三个因素。两个不同的物体要达到相同的颜色感觉，则取决于两个条件，一个为照明这两个物体的光源，另一个为观察这两个物体的观察者。如果换了不同的光源或者由不同的观察者来观察，这两个物体的颜色可能就不再相同。

　　将两个光谱不同，但颜色感觉却相同的颜色样品称为同色异谱色。同色异谱色只是在特定的光源下或由特定类型的观察者观察时才是同色异谱的。同色异谱色必须满足两个条件：一是两个颜色样品在特定光源下产生相同的颜色感觉；二是两个颜色样品在另一些光源下产生不同颜色感觉。如图 1-27 所示，两个光谱曲线不同的颜色样品，在 A 光源照射下，由一个视觉正常的观察者观察时，颜色是相同的，当将两个颜色样品置于 B 光源下，还由同样的观察者观察时，则产生了不同的颜色感觉。

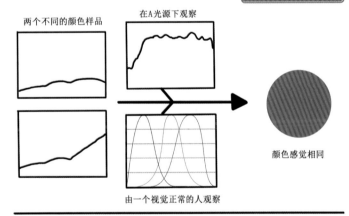

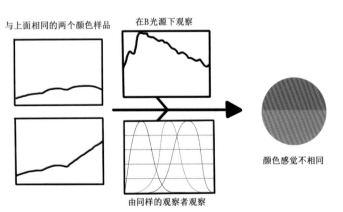

图中标注：
两个不同的颜色样品　在A光源下观察
由一个视觉正常的人观察
颜色感觉相同

与上面相同的两个颜色样品　在B光源下观察
由同样的观察者观察
颜色感觉不相同

图 1-27　同色异谱现象

　　产生同色异谱现象的原因是在观察物体颜色时，眼睛将物体反射或透射光的光谱分解为三种锥体细胞的刺激，两个颜色刺激可能具有根本不相同的光谱能量分布，但如果它们的能量都被相同地分配给了三种类型的锥体细胞，以同样的强度刺激它们，就会产生出相同的颜色感觉。

　　很多人在谈到同色异谱色时，容易将它解释为人们视觉存在的一种问题，而实际上，同色异谱现象并不是一个问题，而是颜色视觉固有的一种特性，正是因为同色异谱现象的存在，才使得颜色复制成为可能。在颜色复制过程中，所有的颜色复制都是在进行两个颜色或一系列颜色之间的同

色异谱匹配。例如，比较显示器上显示颜色与看样台上样张颜色或比较一个打样样张和一个印刷样张，在这样的情况下，两个颜色样品要拥有相同的光谱分布一般是不太现实的，但由于同色异谱现象的存在，可以使它们的颜色达到一致，至少在一些标准的照明条件下是一致的。同色异谱使电视机和显示器用三种荧光粉或液晶就能显示成千上万种颜色，而不需要为每种颜色配一种荧光粉或液晶。同色异谱色可以采用黄、品红、青、黑四种油墨就能复制出自然界中大多数的颜色。如果没有同色异谱现象，进行颜色复制时，就只能完全按照原始颜色刺激的光谱组成丝毫不差地复制形成颜色的光谱，如果复制一副复杂的图像，就可能需要上千种油墨，那将使颜色复制工作变得极其艰难。

**学以致用**：在印刷颜色复制过程中，我们为什么不去准确复制原稿上每种颜色的光谱？

## 知识点 4　其他颜色视觉现象

### 1. 颜色视觉的恒常性

颜色视觉的恒常性是指当外界条件在一定范围内发生了变化，而人们对物体的颜色视觉仍保持相对稳定不变的特性。物体的颜色是该物体表面对光源的光谱成分进行选择性吸收后，反射的色光到达人眼引起的颜色视觉。一般来说，如果光源的光谱成分发生了变化，人们对周围环境物体的颜色感觉应该也会发生变化，但由于颜色视觉恒常性，即使照明条件发生变化，人眼对一些物体的颜色感觉在一定程度上仍可以保持稳定。

例如，纸张是白的，煤炭是黑的，在人们的颜色感觉中是不会改变的。即使将纸张放在光线微弱的暗室内或星光之下，将煤炭放在太阳光照射之下，纸张看起来总是白的，而煤炭看起来仍然是黑的。从物理学的角度来看，在阳光下的煤炭单位面积反射到眼睛里的光的数量要比在暗室内的白纸高很多倍，但人们却仍然把煤炭看成黑的、把纸看成白的，这就是颜色视觉的恒常性。

决定这种颜色视觉恒常性的重要条件是物体反射出来的光的强度和从背景反射出来的光的强度的比例保持恒定不变，物体的明度也就保持恒定不变。因此，物体被看成白的还是黑的，并不取决于它反射到眼睛里的光的绝对数量，而取决于它和背景所反射的光的相对数量。一个物体是白的、灰的或黑的，是由这个物体与周围物体的相对明暗关系决定的。又比如，当人们从太阳光下进入室内，不管室内照明是用偏黄色的白炽灯光还是偏蓝色的荧光灯照明，都不会影响人们对室内物体表面颜色的判断，白色的墙壁看起来总是白的，粉红色的花朵看起来总是粉红的，这表明物体表面的颜色，并不完全决定于刺激的物理特性和视网膜感受器的吸收特性，它还受人们的知识经验和周围环境参照对比的影响。在这里有一个非常重要的条件，那就是照明光源既照射在物体上也照射在背景上。所以物体的颜色就可以保持相对的恒常性。

颜色视觉的恒常性是人类在进化过程中，长期适应环境而逐渐形成和固定下来的，它使人类能够在变化多端的自然环境中赖以生存，从而产生一种保证正常的生活和工作的本能。但是应该指出，对于从事颜色复制的工作者来说，它却有较多不利之处，因为在颜色视觉恒常性的影响下，要想用目测的主观评价方法精确评价颜色复制的准确性是很难做到的。

### 2. 勾边使图像轮廓明显现象

两个差异不大的颜色同时放在与它们颜色比较接近的背景上，它们在人眼的视觉差异将显得比原来大，这就是勾边使图像轮廓明显现象。图 1-28 很好地描述了这种视觉现象。图 1-28（a）中亮度不同的灰色块分别放在三种颜色背景上：第一种为白色（左），第二种为亮度居于两个灰色块之间且与它们比较接近的灰色（中），第三种为黑色（右），从图 1-28（a）中可以看出，两个灰色块放在白色和黑色背景上时，其视觉差异都比较小，但当放在灰色背景上时，则有着明显的视觉差异。同样，在图 1-28（b）中两个纯度不同的红色块，放在与纯度居于两个色块之间且颜色与它们比较接近的暗红色背景上的视觉色差要比放在白色和纯红色背景上大。

### 3. Hunt 效应与 Stevens 效应

物体的颜色会随着观察光源亮度的变化发生明显的变化。例如，物体的颜色在夏天的下午会显得更加鲜艳和明亮，在傍晚则显得比较柔和。Hunt 效应与 Stevens 效应分别描述了这种颜色现象。Hunt 效应是指物体颜色的饱和度会随着亮度水平的增加而增加，光源的亮度水平越高，物体颜色越鲜艳。Stevens 效应与 Hunt 效应是密切相关的，它指的是物体颜色的明度对比随着光源亮度水平的增加而增加，当亮度水平增加时，暗的颜色将显得更暗，亮的颜色则显得更亮。图 1-29 所示为同一图像在不同照度下的视觉效果，从图中可以看出，当光源照度从 0.1 cd/m$^2$ 按 10 倍逐级增加时，图中彩色色块的饱和度不断提高，同时图像整体对比度也不断增加，当照度增加到 10 000 cd/m$^2$ 时，图中的色块最鲜艳，图像整体显得最清晰。

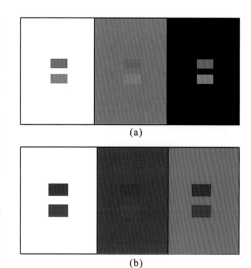

图 1-28　勾边使图像轮廓明显现象

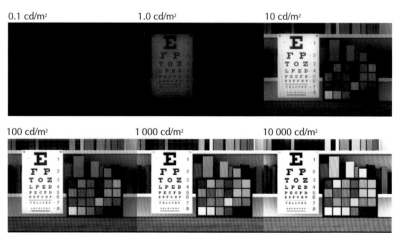

图 1-29　Hunt 效应与 Stevens 效应

知识点测试：其他颜色视觉现象

**学以致用**：在现实生活中，人们的大脑中往往会存在很多常见物体的记忆色，如不同天气条件下的天空颜色、不同季节草的颜色、不同生长阶段水果的颜色等，这些记忆色与颜色视觉恒常性有关吗？为什么？

## ◉ 任务实施及评价 ·····

任务实施

任务评价

## ◉ 拓展训练 ·····

准备一幅清晰度比较高的图像，利用彩色打印机在三种不同的纸张上将图像打印出来，比较该图像在显示器上显示的颜色效果与打印出来的图像有何区别，并分析存在差别的原因。

# 模块二 颜色描述

## 知识目标

1. 掌握颜色三属性的表示方法；
2. 理解颜色立体模型表示颜色的原理；
3. 掌握孟塞尔颜色系统、NCS 颜色系统、奥斯特瓦尔德系统表示颜色的方法；
4. 理解混色系统表示颜色的基本原理；
5. 掌握色度系统表示颜色的方法；
6. 掌握数字图像的颜色表示方法；
7. 掌握印刷过程中的颜色表示方法。

## 能力目标

1. 能正确使用颜色图册，并根据颜色的标号分析颜色的特征；
2. 能利用色度系统计算颜色的三刺激值、色品坐标；
3. 能利用色差公式计算两个颜色的色差；
4. 能在不同的色彩模式下调出想要的颜色；
5. 能正确使用印刷色谱。

## 素养目标

1. 培养创新精神：勇于创新，不断改善现有颜色空间的均匀性；
2. 强化团队协作：能与团队成员互相帮助、共同学习、协作完成工作任务；
3. 塑造职业素养：熟悉国家颜色复制色差标准，规范使用印刷色谱，树立质量意识。

# 任务一　显色系统颜色描述

## ◉ 任务描述

为了方便行业之间准确而又规范地交流颜色信息，过去通常采用颜色图册来表示颜色，颜色图册是通过对真实的颜色样品进行有序的排列，并对颜色样品进行标号来表示颜色的。请选择孟塞尔颜色系统或 NCS 颜色系统的 40 个色相制作一个适合视距为 250 mm，2°视场观察条件下的颜色图册，颜色图册要求自行设计封面，用光泽度高的纸张进行彩色数码印刷并装订成册。

## ◉ 知识链接

### 知识点 1　颜色的分类与属性

日常生活中，人们通常用一些颜色名称来描述颜色，比如桃红色、土黄色、深蓝色、翠绿色。这种表示方法虽然应用广泛，但只能定性地描述颜色，没有定量的数据，不同的人对这些颜色名称的理解程度也不完全相同，因而这种方法描述的颜色不太准确，无法统一。在印刷企业中，颜色复制工作者每天都要处理大量的彩色原稿，并用多种彩色油墨通过印刷设备在纸张或其他承印物上还原原稿的颜色，因此，必须要有一种能为大众所熟悉的、标准的、科学的颜色描述方法来准确地描述颜色，以便在印刷行业内及其他相关行业之间进行准确的颜色交流，而且在国际交往中，也需要这样一种公认的不受时间和空间影响的颜色语言和规范。

显色系统描述颜色是在大量收集各种真实色样的基础上，根据这些色样的颜色外观，将它们有系统、有规律地归纳和排列，然后对每一种色样以相应的文字和数字进行标记，并排列在固定的空间位置，做到每一种色样"对号入座"。这就需要对颜色进行分类，同时用相应的特征值来描述颜色的外观，以便对颜色进行排序。

#### 1. 非彩色

生活中人们常见的颜色可分为非彩色和彩色两大类，颜色是非彩色和彩色的总称。非彩色在有些领域也称消色，是指黑色、白色和各种深浅不同的灰色。它们可以排成一个系列，由白色渐渐到浅灰，到中灰，再到深灰，直到黑色，称为黑白系列，如图 2-1 所示。

图 2-1　由黑到白的非彩色系列

黑色、白色和灰色物体对光谱各波长的反射没有选择性，因而又把它们称为中性色。通常可以用反射率来表示，当反射率为 100% 时，为纯白色，纯白色的物体是理想的完全反射体；当反射率为 0% 时为纯黑色，纯黑色的物体是理想的无反射体。在现实生活中，理想的白色是不存在的，但有一些物体是接近于理想白色的，比如氧化镁、硫酸钡等，这些物质对可见光的反射率可达到 97%

以上，通常用来作为白色标准样品，在颜色测量仪器中作为标准白使用。同样，理想的纯黑色也是不存在的，理想的纯黑色在物理学上通常是指理想的绝对黑体，即照射在该物体表面的光被全部吸收，高质量的黑绒是比较接近纯黑的黑色物体，常用作最黑的材料。

黑白系列的颜色对入射可见光反射比的变化，在视觉上表现为明度的变化，颜色越接近白色，明度就越高，反之，越接近黑色，明度就越低。一般来说，当物体表面对可见光的反射率在 4% 以下时，认为它是黑色的，其明度是很低的；当物体对可见光的反射率在 80% 以上时，就认为它是白色的，其明度是非常高的。

### 2. 彩色及其三属性

彩色是指黑白系列以外的其他各种颜色，如红、橙、黄、绿、青、蓝、紫等颜色。与非彩色物体不同，彩色物体显示出的各种颜色是因为物体对光谱各波长光的反射具有选择性。为了定性和定量的描述彩色，国际上统一采用了三个心理颜色特征量来描述彩色，即色相、明度和饱和度，称为颜色三属性。很多显色系统也正是根据颜色的这三个特征量来进行颜色的分类和排列的。

（1）色相。色相是指颜色的基本相貌。它是彩色彼此相互区分的最基本的特征，通过色相可以判断物体颜色是红色、绿色、黄色、蓝色、紫色，还是其他颜色，如图 2-2 所示。可见光谱中不同波长的辐射在视觉上表现为各种色相，如红、橙、黄、绿、青、蓝、紫等颜色。光源的色相取决于辐射的光谱组成，而物体的色相取决于光源的光谱组成和物体表面所反射或透射的各波长辐射的比例。例如，在日光下，一个物体反射 580 ~ 700 nm 波段的辐射，而相对吸收其他波长的辐射，那么该物体的颜色为红色；当某物体对可见光谱的短波辐射有较高的反射，而吸收了大部分 500 nm 以上的长波辐射，则该物体的颜色为蓝色。

图 2-2　不同色相的色彩

光谱上不同波长的光会给人不同的颜色感觉，因此，可以用不同颜色光的波长来表示颜色的色相。对于单色光来说，色相直接可以用该色光的波长表示，如红色（700 nm）、蓝色（435.8 nm）；对于复色光来说，色相则用复色光中所占比例大的色光的波长表示，又称为主波长，如图 2-3 ~ 图 2-5 所示。

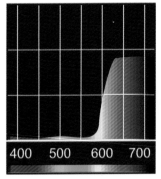 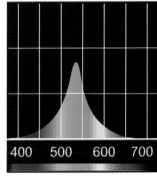 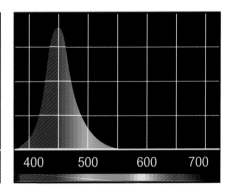

图 2-3　主波长为 675 nm 的红色　　图 2-4　主波长为 535 nm 的绿色　　图 2-5　主波长为 450 nm 的蓝色

用主波长表示颜色时，只是表示这一颜色与光谱中某种波长的光给人以相同的色觉，并不说明两者的光谱成分一定相同。另外，色相与主波长之间的对应关系，会随着光强度的变化而发生改变。如图 2-6 所示，颜色主波长随光强度变化而发生偏移的情况，但黄色（572 nm）、绿色（503 nm）和蓝色（478 nm）三个主波长并不随光强度的变化而发生偏移。

在正常的光照条件下，人眼大约能分辨出 180 种颜色，其中在光谱上能分辨 150 余种，另外还能分辨 30 余种谱外色（品红色）。

色相还可用色相环上的色相角来表示，色相环是将光谱色的色带作弧状弯曲，加上不存在于光谱中的品红色，形成一个色相循环渐变的封闭圆圈，每一个色相对应 0°～360° 的一个色相角，如图 2-7 所示。

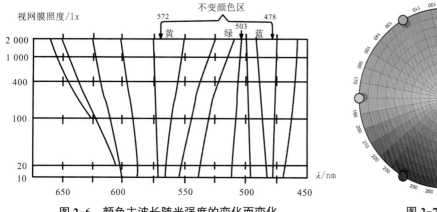

图 2-6　颜色主波长随光强度的变化而变化　　　　图 2-7　色相环

（2）明度。明度是表示人眼所感受的颜色明暗程度的特征量，受视觉感受性和人过去经验的影响。明度与亮度是两个不同的概念，亮度是可以用光度计测得的、与人的视觉无关的客观亮度，而明度是颜色的亮度在人们的视觉上的反映，明度是从感觉上来描述颜色的性质。例如，同样亮度大小的蓝色和黄色，黄色给人感觉具有更高的明度，而蓝色显得较暗，如图 2-8 所示。

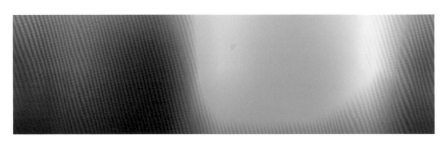

图 2-8　亮度相同的色彩给人不同的明度感觉

一般来说，明度的变化对应于亮度的变化，彩色光的亮度越高，人眼就越感觉明亮，即明度也高。通常情况下，物体表面的明暗程度采用物体的反射率或透射率来表示，彩色物体表面的光反射率越高，它的明度就越高。例如，在图 2-9 中，B′是 B 平行上移得到的，反射率高于 B，因而 B′ 的明度要比 B 高。对于非彩色物体来说，由于它对入射光线进行等比例的非选择性吸收和反（透）射，因此，非彩色没有色相，只有反射率高低的区别，即只有明度的区别。

不同色相之间，明度各不相同。例如，黄色和白色明度很高，看起来很亮；但蓝色、紫色的明度就比较低，看

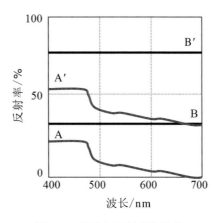

图 2-9　明度与反射率的关系

起来比较暗。即使是同一色相，也有不同的明度差别，如在图 2-9 中，A′ 是 A 平行上移得到的，两个颜色光谱成分相同、色相相同，但反射率不同，因而 A′ 的明度要高于 A。图 2-10 所示为色相相同但明度不同的红色。

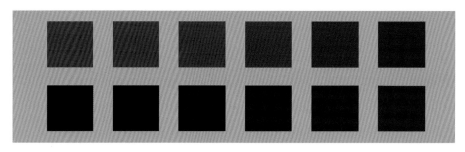

图 2-10　色相相同但明度不同的红色

（3）饱和度。饱和度是指颜色的纯洁性。同一色相的彩色物体不仅有明度的变化，还有饱和度的变化，如图 2-11 所示。可见光谱的各种单色光是最饱和的颜色，光谱色含有的白光成分越多，饱和度就越低。如果光谱色含有的白光成分达到很大比例时，在人眼看来，它就不再是彩色光，而是白光了。

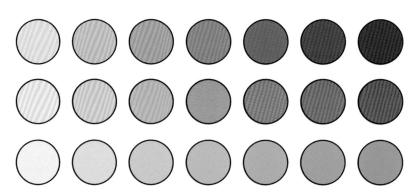

图 2-11　与红、绿、蓝色相相同但饱和度不同的各种色彩

物体颜色的饱和度取决于该物体表面对光谱辐射的选择性吸收程度。物体对光谱上某一较窄波段的反射率很高，而对其他波长的反射率很低或没有反射，就表明它有很高的光谱选择性，那么这一颜色的饱和度就高。在图 2-12 中，颜色 A 的光谱反射率曲线比颜色 B 和颜色 C 有更高的选择性，所以颜色 A 有更高的饱和度，颜色 B 次之，颜色 C 的饱和度最低。非彩色物体对光谱各波段的反射均等，没有选择性，没有饱和度，或者说饱和度等于 0，因而非彩色只有明度的变化，而没有色相和饱和度的变化。对于彩色油墨来说，饱和度越高，颜色越鲜艳，如果逐渐加入白色、灰色或黑色，就会改变颜色的饱和度，加入的灰色越多，饱和度就越低。

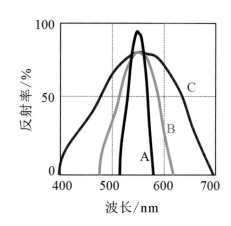

图 2-12　饱和度与反射率的关系

物体颜色的饱和度还与物体表面特性有关。物体表面越光滑，其光泽度就越高，对入射光线的反射接近于镜面反射。如果在镜面反射方向上观察物体颜色，由于反射的光中含有较多的白光，人眼感受的颜色饱和度就很低，但在其他方向反射光中含有的白光较少，因此，在观察光泽度很高的

印刷品时，需要避开镜面反射方向。对于粗糙的物体表面来说，无论在哪个方向都很难避开反射的白光，因此，光泽度高的物体表面上的颜色要比粗糙物体表面上的颜色鲜艳、饱和度高。

人眼对饱和度的辨别能力很强，但人眼对不同色相的饱和度辨别能力又是有差别的。一般来说，人眼对光谱两端颜色的饱和度辨别能力强，在白光中加入 0.1% 的红光或紫光就能分辨出来，而对于黄光来说，则需要加入 2% 才能分辨出来。

**学以致用：** 在印刷生产过程中，对于一些高档商品的外包装为什么采用光泽度非常高的纸张进行印刷，而不是采用低光泽度的纸张进行印刷？观察这些印刷品时要注意什么问题？

知识点测试：颜色的分类与属性

## 知识点 2　孟塞尔色立体

### 1. 颜色立体

用色相、明度和饱和度三个视觉心理特征量来描述颜色，就可以这三个特征量为坐标，建立一个三维空间几何模型来表示颜色，每种颜色都可以用该三维空间中的一个点来表示。该点在几何模型中有三个坐标，分别描述该颜色的色相、明度和饱和度三个特征值，这个几何模型又称为颜色立体。如图 2-13 所示，在颜色立体中，垂直轴代表明度的变化，顶端是白色，底端是黑色，中间是各种过渡的灰色；色相由水平面的圆周表示，圆周上的各点代表光谱上各种不同的色相：红色、橙色、黄色、绿色、青色、蓝色、紫色，圆形的中心是中灰色，中灰色的明度和圆周上各种颜色的明度相同；各平面圆的径向表示饱和度，在圆周上的颜色饱和度最大，从圆周向圆心过渡表示颜色饱和度逐渐降低，圆心的饱和度为 0，为非彩色。

从圆周向上和向下两个方向变化既表示明度变化，也表示颜色饱和度的降低，如图 2-14 所示。颜色色相和饱和度的改变不一定伴随明度的变化，当颜色在颜色立体同一平面上变化时，只改变色相或饱和度，而不改变明度，但只要颜色离开圆周，它就不是最饱和的颜色了。

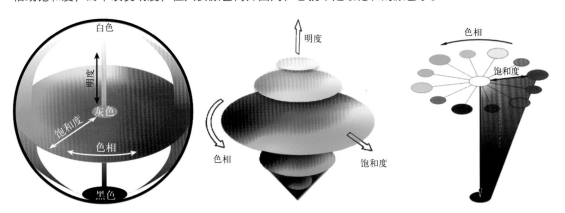

图 2-13　颜色立体模型　　　　图 2-14　色彩从圆周向上和向下两个方向饱和度降低

颜色立体只是一个理想化的描述颜色的几何模型，目的是使人们能够很容易理解颜色三属性的相互关系。在真实的颜色关系中，饱和度最大的黄色并不在中等明度的地方，而是在靠近白色明度较高的地方；饱和度最大的蓝色在靠近黑色明度较低的地方。因此，颜色立体中部的色相圆形平面应该是倾斜的，黄色部分较高，蓝色部分较低；而且该平面的圆周上的各种饱和颜色离开垂直轴的距离也不一样，某些颜色能达到更高的饱和度，所以这个圆形平面并不是真正的圆形。

### 2. 孟塞尔颜色系统

美国画家孟塞尔（A. H. Munsell，1858—1918）所创立的颜色描述系统，是最典型的用颜色立体模型表示颜色的一种方法。它以色相、明度和饱和度作为三维空间的坐标，按相邻两个色样目视颜色感觉等间隔的排列方式，把各种颜色用纸片制成很多标准颜色样品，汇编成颜色图册，并给图册中每个特定部位的颜色一个标号。

如图 2-15 所示，与理想的颜色立体模型一样，孟塞尔颜色立体的中央轴代表无彩色黑白系列中性色的明度等级，白色在顶部，黑色在底部，称为孟塞尔明度；颜色样品离开中央轴的水平距离代表颜色饱和度的变化，在孟塞尔系统中称为孟塞尔饱和度；颜色立体水平剖面上的各个方向代表孟塞尔色相。

（1）孟塞尔色相。孟塞尔色相是以红（R）、黄（Y）、绿（G）、蓝（B）、紫（P）五种主色为基础，再加上它们的中间色相黄红（YR）、绿黄（GY）、蓝绿（BG）、紫蓝（PB）、红紫（RP）作为色相环，成为十个主要色相，为了对色相作更细的划分，每种色相又分成 10 个等级，每种主要色相和中间色相的等级都定为 5，总共得到 100 个刻度的色相环。但在《孟塞尔颜色图册》中，对每种主色相只给出 2.5、5、7.5、10 四个色相等级，如图 2-16 所示，全图册共包括 40 种色相的颜色样品。

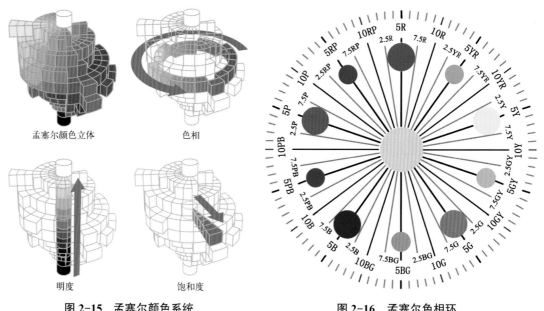

图 2-15　孟塞尔颜色系统　　　　　　　　图 2-16　孟塞尔色相环

（2）孟塞尔明度。孟塞尔颜色立体的中央轴代表非彩色黑白系列中性色的明度等级，白色在顶部，黑色在底部，称为孟塞尔明度。孟塞尔明度等级是通过这样的方法确定的：让观察者看一块黑色样、一块白色样和许多不同灰度的色样，要求他从灰色样中选出一块与黑色样和白色样有同等差别的色样，也就是说，选出一块在视觉上处于黑白之间的中灰色，然后再在黑色样与中灰色样之间作等分，选出两者之间的另一灰色。用同样方法，在白色样与中灰色样之间作等分，从而得出在视觉上等距的由黑到白的 5 种色样，成为四个灰度等级，再将此等级继续等分，便得到一个 11 级的由黑到白的均匀灰度系列。第 11 级明度值定为 10，亮度因素以氧化镁作为标准确定，规定氧化镁的亮度为 Y=100，然而它的实际反射率为 97.5%，因此，孟塞尔第 11 级明度值的亮度因素为 Y10=100/97.5=102.57。

孟塞尔颜色系统每一个明度值等级都对应于在太阳光下颜色样品的一定亮度因数，见表 2-1，但在实际应用中只用明度值 1 ~ 9，如图 2-17 所示。在《孟塞尔颜色图册》中给出了明度值从 1.75（亮度因素 Y=2.5%）到 9.5（亮度因素 Y=90%）以每 0.25 明度值为一级的中性色样品。

表 2-1　孟塞尔明度与亮度因素数值关系

| V | 10 | 9 | 8 | 7 | 6 | 5 | 4 | 3 | 2 | 1 | 0 |
|---|----|----|----|----|----|----|----|----|----|----|----|
| Y | 102.57 | 78.66 | 59.10 | 43.06 | 30.05 | 19.77 | 12.00 | 6.56 | 3.13 | 1.21 | 0.00 |

（3）孟塞尔饱和度。在孟塞尔颜色立体中，饱和度表示颜色离开相同孟塞尔明度值灰色的程度。饱和度也分成许多视觉上相等的等级，中央轴上中性色的饱和度为 0，离开中央轴越远，饱和度值越大。在《孟塞尔颜色图册》中，给出了以两个饱和度等级为间隔的颜色样品，在一个从 0 到 20 的标尺上，用视觉上色彩感觉相等的间隔来划分等级，并用 / 2，/ 4，… / 18 表示，如图 2-18 所示，20 是能够产生的最饱和的颜色样品，但只有个别颜色的饱和度可达到 20。

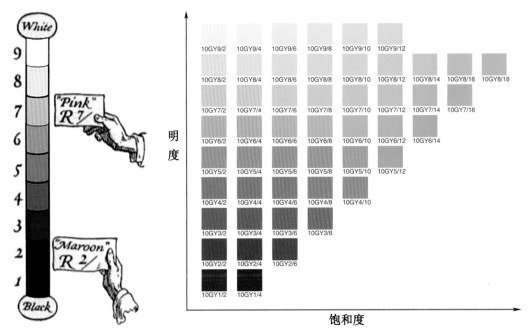

図 2-17　孟塞尔明度　　　　　　　图 2-18　孟塞尔饱和度

（4）孟塞尔颜色标号。任何颜色都可以用颜色立体上的色相、明度和饱和度三色坐标进行标定，并给予一定的标号。孟塞尔颜色系统中对颜色的标定方法是先标定色相 $H$，然后标定明度值 $V$，并在斜线后标定饱和度 $C$。

$H\,V/\,C$＝色相　明度值 / 饱和度

例如，一个标号为 5Y8/12 的颜色，5Y 为色相，是黄色，明度值是 8，饱和度值是 12，由标号可以看出，该颜色是比较明亮并具有较高饱和度的黄色。

对于非彩色的黑白系列颜色来说，由于它们只有明度变化，没有饱和度和色相的差别，标定时用 $N$ 表示，在 $N$ 后面给出明度值 $V$，斜线后面不写饱和度。

$N\,V/$ ＝中性色　明度值 /

例如，明度值等于 7 的中性色可标定为 $N7/$。另外，对于饱和度低于 0.3 的颜色通常也标定为非彩色，一般采用以下标定形式：

$N\,V/$（$H$, $C$）＝中性色　明度值 /（色相，饱和度）

在这里，色相 $H$ 只用 10 种主要色相中的一种。例如，一个略带红色的浅灰色可标定为 $N8/$（R，0.2）。

（5）孟塞尔颜色图册。在《孟塞尔颜色图册》中，将孟塞尔颜色立体中各色相垂直剖面的颜色

样品列入颜色图册的一页，整个图册共 40 页，每一页包括色相相同但明度值和饱和度值不同的颜色样品。图 2-19 所示是颜色图册中色相为 2.5R 的一页，给出了色相为 2.5R 的各种颜色，当明度值为 9 时，只有一种颜色，饱和度最小，当明度值为 5 时，该色相的颜色饱和度最大，可以达到 16。

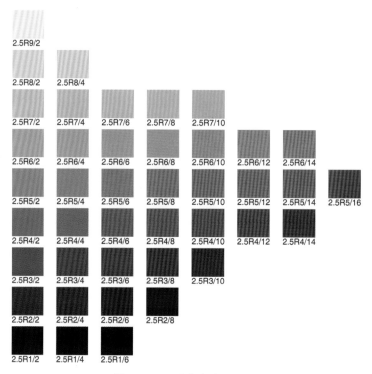

图 2-19　孟塞尔颜色图册

　　一个理想的颜色立体应该是在任何方向上，相同距离的任意两个颜色样品在视觉上的差异应该是相等的，即无论在色相、明度或饱和度方向上相同等级的变化应代表相同的视觉差异，但任何描述颜色的立体模型都很难做到这一点，孟塞尔系统也没有做到这一点。1943 年美国光学学会的孟塞尔颜色编排小组委员会对孟塞尔颜色系统作了进一步研究，发现孟塞尔颜色样品在编排上不完全符合视觉上等距的原则，于是通过光谱光度测量以及视觉实验，重新编排并增补了《孟塞尔颜色图册》中的色样，使之更接近等距，并且给出了每一色样的 CIE 1931 色度系统的色度坐标，这就是《孟塞尔新标系统》。新的《孟塞尔新标系统》可以通过恒定色相和饱和度轨迹的色度图转换为 CIEXYZ 色度系统，这有利于工业上将颜色标定数据化和标准化。

　　最新版本的《孟塞尔颜色图册》包括两套样品：一套是有光泽样品版，另一套是无光泽样品版。有光泽样品版分上下两册，共包括 1 450 个颜色样品，并附有一套由黑到白 37 个中性色样品；无光泽样品版包括 1 150 种颜色样品，附有 32 个中性色样品。

　　**学以致用**：有两个孟塞尔标号分别为 5PB 8/6 和 N7/（5R，0.2）的颜色，请分析这两个颜色的外观特征。

知识点测试：孟塞尔
色立体

### 知识点 3　其他颜色体系

#### 1. NCS 颜色体系

　　NCS 是自然色彩系统（Natural Color System）的简称，它是目前世界上非常著名的颜色体系之一，是目前欧洲使用最广泛的色彩系统，并在全球范围被采用。

NCS 建立的基本原则是相似性原理，它定义了六种基础心理原色：白（W）、黑（S）、黄（Y）、红色（R）、蓝（B）、绿（G），黑色和白色为非彩色，黄色、红色、蓝色和绿色是彩色。在这里，绿色不是由黄色和蓝色混合产生的颜色，而是由人的颜色知觉所感受的心理原色。根据颜色视觉的特点，黄色可以和红色、绿色相似，但绝不可能和蓝色相似；蓝色可以和红色、绿色相似，但绝不能和黄色相似。红色和绿色彼此不相似，所有其他色相的颜色都可看作是与白、黑、黄、红、蓝、绿这六种心理原色有不同程度相似性的颜色，并且通过它们与基本色的相似程度来描述。任何颜色最多相近于两种基本彩色以及黑色和白色，根据这些特点，NCS 采用了图 2-20 所示的色彩感觉空间几何模型。

在这个三维立体几何模型中，上下两端是两种非彩色原色，顶端是白色，底端是黑色。三维立体的中间部位由黄色、红色、蓝色、绿色四种彩色心理原色形成一个色相环。在这个颜色立体中，每种颜色都占有一个特定的位置，并且与其他颜色有准确的关系。

颜色立体的横剖面是圆形的色相环，如图 2-21 所示，在色相环上有四种彩色心理原色，即 Y（黄）、R（红）、B（蓝）、G（绿），它们把整个圆环分成了四个象限，每一个象限又分为 100 个等级。

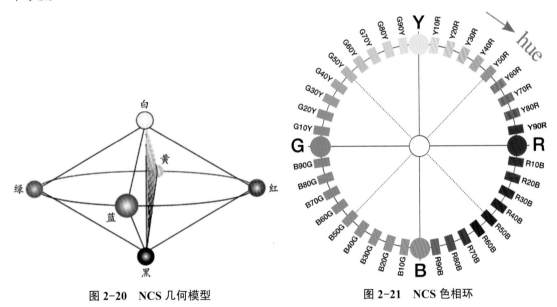

图 2-20　NCS 几何模型　　　　　　图 2-21　NCS 色相环

NCS 颜色立体垂直剖面的左、右半侧各是一个三角形，称为颜色三角形，如图 2-22 所示。三角形的 W 角代表白色，S 角代表黑色，亦即颜色立体的顶端和底端，C 角代表一个纯色，与黑白都不相似。

NCS 标定颜色时，第一步先确定颜色的色相位于哪两个原色构成的象限内，然后再确定产生这一色相所需两原色的相对比例。以象限 Y—G 为例，从 Y 到 G50Y，黄对绿的优势逐渐减少，从 G50Y 到 G，绿对黄的优势逐渐增加，一直到绿原色为止。若用百分比来说明颜色的标定方法，就更容易理解颜色标号的意义，例如，一个颜色的标号是 G70Y，这个标号意味着在这个颜色中黄色对绿色有 70% 的优势，而绿色只有 30%。

第二步是通过目测判断该颜色中含彩色量（C）和非彩色量白（W）与黑（S）的相对多少。颜色三角形中有两种标尺：彩度标尺表示一个颜色与纯彩色的接近程度，黑白标尺表示一个颜色与黑色的接近程度，这两种标尺均被分成 100 等份。NCS 规定，任何一种颜色所包含的原色总量为 100，即白度（W）+黑度（S）+彩度（Y+R+B+G）=100。

例如，某颜色标号为 NCS S 1050-Y90R，字母 NCS S 表示编号为 NCS 第二版色样编号，1050 表示该颜色包含 10% 的黑和 50% 的彩色，虽然在标号中没有写出白度的多少，但是根据 NCS 的规定，白度可以很容易地求得：100-S-C=100-10-50=40。Y90R 表示色相，表示在 50% 的彩度中，红色占彩色的 90%，即为 45，黄色占彩色的 10%，即为 5。所以在这一颜色中，各原色的数量为：黑 10、白 40、红 45、黄 5、蓝 0、绿 0。该颜色在 NCS 颜色立体中的位置如图 2-23 所示。对于纯粹的非彩色，由于它们没有色相，直接用 -N 来表示，其范围从 0500-N（白色）到 9000-N（黑色）。

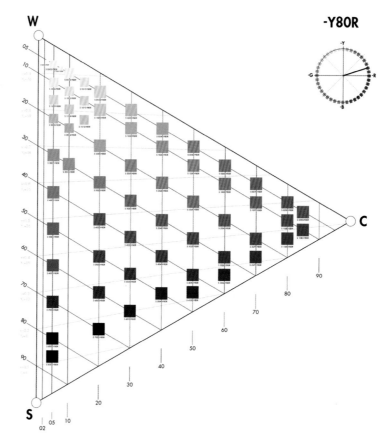

图 2-22　NCS 颜色三角形

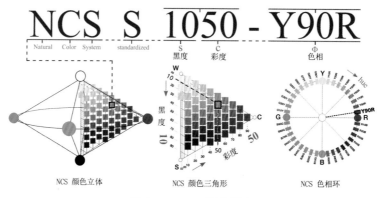

图 2-23　NCS 颜色标定

## 2. 奥斯特瓦尔德颜色体系（Ostwald color order system）

奥斯特瓦尔德颜色体系是由德国著名物理化学家威廉·奥斯特瓦尔德（Friedrich Wilhelm Ostwald）创立的。奥斯特瓦尔德颜色立体的中央轴是非彩色轴，表示颜色的明度，顶端为白色，底端为黑色，非彩色的明度分为 8 个等级，用 a、c、e、g、i、l、n、p 标记，a 表示最明亮的白色，p 表示最暗的黑色，中间六级为不同的灰色。各级非彩色中黑色、白色含量比例见表2-2。

表 2-2 奥斯特瓦尔德的白黑量

| 明度等级 | a | c | e | g | i | l | n | p |
|---|---|---|---|---|---|---|---|---|
| 白量 /% | 89 | 56 | 35 | 22 | 14 | 8.9 | 5.6 | 3.5 |
| 黑量 /% | 11 | 44 | 65 | 78 | 86 | 91.1 | 94.4 | 96.5 |

从表2-2中可以看出，奥斯特瓦尔德标定的白含有11%的黑量，标定的黑含有3.5%的白量，并且各级非彩色的数字还满足如下关系：

$$\frac{a}{c}=\frac{c}{e}=\frac{e}{g}=\frac{g}{i}=\frac{i}{l}=\frac{l}{n}=\frac{n}{p}=常数$$

将各级的数字代入，得

$$\frac{89}{56}=\frac{56}{35}=\frac{35}{22}=\frac{22}{14}=\frac{14}{8.9}=\frac{8.9}{5.6}=\frac{5.6}{3.5}=1.6$$

垂直于中央轴的横切面为奥斯特瓦尔德颜色体系的色相环，该体系有黄、橙、红、紫、蓝、蓝绿、绿和黄绿8个基本色相，每个基本色相又分出3个色相，共有24个色相构成色相环，如图2-24所示。

与NCS颜色系统相似，奥斯特瓦尔德颜色体系的全部色块都是由纯色与适量的白色和黑色混合而成，其关系为白量（W）+黑量（B）+纯色量（C）=100%。把颜色立体的中央轴作为垂直轴，并以此作为边的等边三角形，将最饱和的颜色置于等边三角形的顶端，另外两个顶端分别为黑与白，这个等边三角形就是等色相三角形，如图2-25所示。在此颜色三角形中，a与pa的连线上各色含黑量相等，称为等黑量系列；在p和pa的连线上各色含白量相等，称为等白量系列；与明度轴平行的纵线上各色纯度相等，称为等纯度系列。

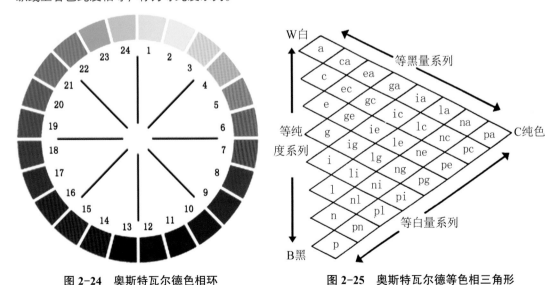

图 2-24 奥斯特瓦尔德色相环　　　图 2-25 奥斯特瓦尔德等色相三角形

奥斯特瓦尔德颜色体系共包括24个等色相三角形。每个三角形都分为28个菱形，每个菱形都代表一种颜色，并附以标号用来表示该颜色所含白与黑的量。

例如，某颜色色标为lc，l含白量为8.9%，c含黑量为44%，则该颜色所含纯色量为100% −（8.9% + 44%）=47.1%。

再如，某颜色色标为 pc，p 含白量为 3.5%，c 含黑量为 44%，则该颜色所含纯色量为：100% −（3.5% + 44%）=52.5%。

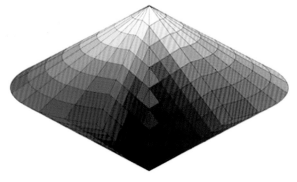

图 2-26　奥斯特瓦尔德颜色立体

将 24 个等色相三角形以非彩色轴为中心，旋转三角形时就成为圆锥体，也就是奥斯特瓦尔德颜色立体，如图 2-26 所示。

奥斯特瓦尔德颜色体系通俗易懂，它给颜色调配工作者提供了非常有用的指示。尤其是在调配不同纯度的颜色时，奥斯特瓦尔德颜色三角形可以提供比较准确的参考配方。其不足之处在于等色相三角形的建立限制了颜色的数量，如果又发现了新的、饱和度更高的颜色，在图上就难以表现出来。

知识点测试：其他颜色体系

**学以致用：**请计算 NCS 标号为 NCS S 2060 B60G 的颜色所含的各种原色的数量。

## ◎ 任务实施及评价

任务实施

任务评价

## ◎ 拓展训练

请用孟塞尔颜色系统对图 2-27 中的六种颜色样品进行标号，并描述这些颜色的外观特征。

颜色样品1　　颜色样品2　　颜色样品3　　颜色样品4　　颜色样品5　　颜色样品6

图 2-27　颜色样品

## 任务二　混色系统颜色描述

## ◎ 任务描述

色差是评价印刷品颜色复制质量的重要参数。在印刷品颜色复制过程中，质检员在抽检同批纸质包装印刷品质量时，测得原稿及同批两个印刷品同一颜色在标准光源 D65 的照射下的色品坐标如下：

原稿颜色：$Y=82$，$x=0.528\,0$，$y=0.323\,0$；

印刷品 1 颜色：$Y=80$，$x=0.523\,0$，$y=0.321\,0$；

印刷品 2 颜色：$Y=81$，$x=0.533\,0$，$y=0.325\,0$；

D65 光源：$Y=100$，$x=0.312\,8$，$y=0.329\,2$。

请计算两个印刷品颜色与原稿颜色的色差及两个印刷品颜色之间的色差，分析该批印刷品颜色复制质量是否满足国家颁布的纸质包装印刷品国家标准中规定的精细印刷品的色差标准。

## ◉ 知识链接

### 知识点 1　颜色方程与颜色空间

大量颜色匹配实验结果表明，利用红、绿、蓝三色光可混合匹配出自然界中所有的颜色。如果知道混合出这些颜色所需的红、绿、蓝三色光各自的量，任何颜色即可以用红、绿、蓝三种色光匹配出该颜色所需的量来描述。

#### 1. 颜色匹配实验

要确定混合出某一颜色所需要的三原色各自的量，可以通过颜色匹配实验来实现。将两个颜色调节到视觉上相同或相等的方法称为颜色匹配。在进行颜色匹配实验时，须通过调节三原色光的量以改变混合色的明度、色调和饱和度三个属性，使之与被匹配颜色达到视觉上一致。

一种比较传统的颜色匹配方法是利用颜色转盘进行颜色混合来实现颜色匹配，这种方法简单方便，但精度比较低，多用于颜色匹配的演示实验。如图 2-28（a）所示，颜色转盘由几块不同颜色的圆盘组成，通常用红、绿、蓝三种彩色加黑色共四块圆盘，每一圆盘从中心到边缘剪一条缝，以便四块圆盘能交叉叠放成为四块扇形颜色表面。为了能够单独地改变红、绿、蓝三色扇形面积的比例，需要有一块黑色扇形面，这一黑色扇形面的另一作用是可用来调节混合色的明度，当转盘快速旋转时，三种颜色刺激先后作用到视网膜的同一部位，当第一个颜色在视网膜上的刺激尚未消失之前，第二个颜色刺激又发生作用，当第二个颜色的刺激尚未消失之前，第三个颜色刺激又发生作用，由于视觉残留现象，三种颜色刺激的快速先后作用，眼睛就分不清红色、绿色、蓝色和黑色，而只能看到它们的混合色，这样就在人的视觉上产生了混合色。

如果将被匹配的颜色放置在颜色转盘的中心部位，把四色扇形面放在颜色转盘的外圈，调节三种颜色的面积比例，就可以使外圈的混合色与内圈的待匹配颜色相同，这样就实现了颜色匹配。当待匹配颜色的饱和度很高时，有时会发现无论怎么调节三原色的比例也达不到匹配，这时就需要将三原色中的一种颜色放到待匹配颜色中，以降低被匹配颜色的饱和度（实际上待匹配颜色变成了两个颜色的混合色）。如图 2-28（b）所示，用红色、绿色的混合色来匹配蓝色与待匹配颜色的混合色，这样只要适当的调节红色、绿色、蓝色三者的面积比例就能达到匹配。

这个实验清楚地说明了颜色混合和匹配的基本原理，但是颜色转盘进行颜色匹配时不易定量，所以不适合科学研究，而只能用于颜色匹配的表演示范。

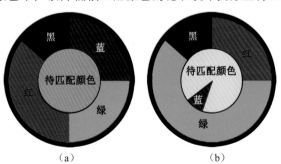

（a）　　　　　（b）

**图 2-28　颜色转盘**

更精密的颜色匹配实验是用颜色光来实现的，如图 2-29 所示，将红、绿、蓝三种原色光放在白色屏幕的上半部，并使它们照射在白色屏幕的同一位置上，光线经过屏幕的反射而进行混合，混合后的光线作用到人眼的视网膜上便产生一种新的颜色。将待匹配颜色的灯放在白色屏幕上的下方，待匹配色光照射在白色屏幕的下半部，白色屏幕的上下两部分用黑挡屏隔开，由白屏幕反射出来的光通过小孔到达右方观察者的眼睛，人眼看到的视场如图 2-29 所示。进行颜色匹配实验时，调节三原色灯光的强度比例，便产生看起来与另一侧颜色相同的混合色。若要匹配从蓝到绿的各种颜色，可关掉红原色光，只变化蓝和绿原色光的比例，这样可产生绿、蓝绿、青、蓝一系列的颜色。关掉绿原色光，只改变红和蓝原色光的比例，可以产生红、品红、蓝等各种颜色。关掉蓝原色光，用红和绿原色光可以产生红、橙、黄、绿各种颜色。若同时开亮三原色光，则混合出的颜色便不够饱和，当三原色灯光取适当比例时，还可匹配出非彩色的白光。

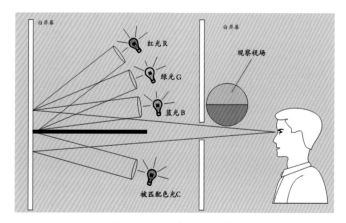

图 2-29　色光匹配实验

在上述色光的匹配实验中，由三原色组成的颜色的光谱组成与待匹配颜色光的光谱组成可能不同。例如，由红、绿、蓝三种颜色光混合的白光与连续光谱的白光在视觉上一样，但它们的光谱组成却不一样，称这一颜色匹配为"同色异谱"的颜色配对。

在颜色转盘的实验中，颜色混合是在视觉器官内部产生的；而在色光的匹配实验中，颜色光的混合是在视觉器官外部产生的，混合后才作用到视网膜上；彩色电视的颜色混合也是在视觉器官内部实现的。可见，应用不同的刺激方法，都可对人的视觉产生颜色混合效果。

### 2. 颜色方程

颜色转盘和色光的匹配实验结果都可用数学的形式进行描述。以（C）代表待匹配颜色（颜色转盘中心的颜色或色光实验的待匹配光源色），以（R）、（G）、（B）分别代表产生混合色的红、绿、蓝三原色（颜色转盘外圈的颜色或色光实验的三色光），并以 R、G、B 分别代表红、绿、蓝三原色的数量（称为三刺激值），则被匹配颜色可以通过颜色方程表示为

$$(C) \equiv R(R) + G(G) + B(B) \tag{2-1}$$

式中"≡"表示匹配，即视觉上相等。

在颜色转盘实验中，如果待匹配颜色饱和度很高，那么用红、绿、蓝三原色可能匹配不出来，在这种情况下，需要将一种外圈的原色加到中心待匹配的颜色上，而只用外圈的两种原色（加黑色）与中心的颜色进行匹配。当各种颜色的扇形面积调节到适当比例时，便可达到中心与外圈的颜色匹配。若用（C）代表待匹配的饱和色，则这一颜色匹配关系可用颜色方程表示为

$$(C) + B(B) \equiv R(R) + G(G) \tag{2-2}$$

变换后可得

$$(C) \equiv R(R) + G(G) - B(B) \tag{2-3}$$

从式（2-3）可以看出，该颜色的三刺激值中有一个为负值。如果一个颜色的三刺激值出现负值，意味着在用三原色光匹配该颜色时，需要将三原色中的某一个放在该颜色的同侧与之相混合，而用其余的两原色去实现匹配。

同理，在图 2-29 的色光匹配实验中，如果在屏幕上待匹配色光是光谱上非常饱和的颜色（光谱色），而在屏幕的另一侧仍用红、绿、蓝三原色的混合光进行匹配，就会发现，由于大部分光谱色的饱和度太高，很难用三原色匹配出来。这时需要把三原色中的某一种颜色加到待匹配光谱色的一侧，用其余的两原色去实现匹配。例如，匹配光谱的黄单色光，直接用三原色光进行混合很难得到满意的匹配效果，只有用红和绿两原色光相混合，而把少量的蓝原色光加到黄光谱色一侧，才能实现满意的匹配，其颜色方程与式（2-2）、式（2-3）相同。

### 3. 颜色空间

通过颜色匹配实验可知，自然界中任何一种颜色都可用红、绿、蓝三原色光混合匹配产生。三原色是相互独立的，三原色中任何一种颜色都不能由其他两种颜色混合出来，即它们是线性无关的，因而在几何上能够用三个互相垂直的轴所构成的空间坐标系统来描述颜色，这一空间就称为三维颜色空间，如图 2-30、图 2-31 所示。

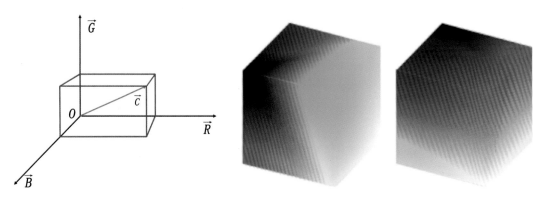

图 2-30　三维颜色空间　　　　　　　图 2-31　RGB 颜色空间

如果用 $\vec{R}$、$\vec{G}$、$\vec{B}$ 表示颜色空间的三个坐标轴，用（$\vec{R}$）、（$\vec{G}$）、（$\vec{B}$）表示它们的单位矢量，则任何一种颜色都可以用该空间中的矢量 $\vec{C}$ 来确定，矢量 $\vec{C}$ 称为颜色矢量。在颜色匹配时，匹配该颜色所需要的红、绿、蓝三原色的数量就是颜色矢量 $\vec{C}$ 在坐标轴 $\vec{R}$、$\vec{G}$、$\vec{B}$ 的投影坐标，通常记为 $R$、$G$、$B$，其矢量表达式为

$$\vec{C} = R（\vec{R}）+ G（\vec{G}）+ B（\vec{B}） \tag{2-4}$$

矢量的方向表示颜色的色度（色相和饱和度），矢量的长度则表示颜色的亮度。因此，同一方向的全部矢量，虽然亮度不同，但具有相同的色相和饱和度。为了计算方便，通常取三原色混合产生白光时各自的量为单位矢量，也就是说当 $R:G:B=1:1:1$ 时，三原色就混合出白色。

当混色系统描述颜色时，常常不直接用三原色绝对数量即三刺激值（$R$，$G$，$B$）来表示颜色，而是用各自在 $R+G+B$ 总量中的相对比例（即色度坐标）来表示颜色，色度坐标可用一组方程表示如下：

$$r = \frac{R}{R+G+B}$$

$$g = \frac{G}{R+G+B}$$

$$b = \frac{B}{R+G+B} \tag{2-5}$$

从式（2-5）可以看出，色度坐标 $r$、$g$、$b$ 表示三原色各自在 $R+G+B$ 总量中的相对比例，且 $r+g+b=1$。这样意味着只要有某一个颜色的两个色度坐标 $r$ 和 $g$，就可以在一个二维平面里确定颜色的位置，这个平面被称为色度图。由于 $r \leqslant 1$、$g \leqslant 1$，所以色度图可以用一个等腰直角三角形的平面坐标来表示。如图 2-32 所示，三角形的三个顶点分别表示三原色在色度图中的位置，红色坐标为

（1.0，0），绿色坐标为（0，1.0），蓝色坐标为（0，0），白色坐标为（0.33，0.33）。三角形内部各点表示的颜色，均可以由三原色 R、G、B 直接匹配出来。对于饱和度比较高但不能直接由三原色匹配出来的颜色，它们在色度图上的位置就处于三角形外部，其三个色度坐标 $r$、$g$、$b$ 中必有一个为负值。

**学以致用**：如果知道某一颜色的色度坐标值，可以准确地描述该颜色吗？利用色度图能准确分析该颜色的三属性特征吗？

图 2-32　色度图

### 知识点 2　CIE 标准色度系统

　　人类的颜色感觉，一方面取决于外界物体的光学辐射对人眼的刺激作用，另一方面又决定于人眼的视觉特性。对颜色的标定和测量必须符合人眼的观察结果，然而，不同观察者对颜色的感觉是存在一些差异的，这就要求根据许多观察者的颜色视觉实验结果，来确定一组为匹配等能光谱色所需的三原色数据，即"标准色度观察者光谱三刺激值"，以此代表人眼的平均颜色视觉特性，作为颜色计算、标定和测量的基础数据。

#### 1. CIE 1931 RGB 系统

　　为了确定光谱三刺激值，英国物理学家莱特（W. D. Wright）选择 650 nm（红色）、530 nm（绿色）、460 nm（蓝色）作为三原色进行颜色匹配实验，由 10 名观察者在 2° 视场范围内，用这三种原色匹配等能光谱的各种颜色。三原色的单位是这样规定的：相等数量的红光和绿光混合可匹配出 582.5 nm 的黄色，相等数量的绿光和蓝光混合可匹配出 494.0 nm 的蓝绿色。图 2-33 所示的曲线是 10 名观察者实验的平均结果，纵坐标表示匹配光谱各种颜色所需的三原色的色度坐标。可以看出，为了匹配 460~530 nm 这一波长范围的光谱色，红原色三刺激值为负值，这就是说，必须把少量的红原色加到光谱色一方，适当地降低光谱色的饱和度，才能与绿原色和蓝原色的混合色相匹配。在匹配其他波长的光谱色时，绿原色和蓝原色也出现少量的负值。

　　英国人吉尔德（J. Guild）在进行光谱色匹配时，选择了波长为 630 nm（红色）、542 nm（绿色）、460 nm（蓝色）作为三原色光，也是在 2° 视场观察条件下，选择了 7 名观察者来匹配等能光谱的各种颜色，并在三原色相加匹配出 4 800 K 白光的条件下，规定三者为等量关系。图 2-34 所示是 7 名观察者的实验结果，从曲线可以看出，无论匹配哪一波长的光谱色，总有负值出现，尤其是在 510 nm 左右，红原色的负值最大。

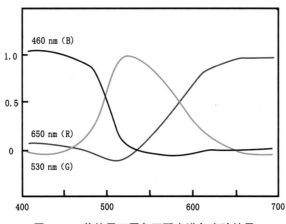

图 2-33　莱特用三原色匹配光谱色实验结果

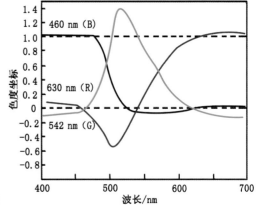

图 2-34　吉尔德用三原色匹配光谱色的实验结果

CIE 在莱特和吉尔德的 17 名观察者匹配等能光谱色实验结果的基础上，将他们所使用的三原色转换成 700 nm（红色）、546.1 nm（绿色）和 435.8 nm（蓝色）三原色，并将三原色的单位调整到相等数量相加匹配出等能白光，结果发现这两项实验研究的结果非常一致。因此，1931 年 CIE 采取两人的平均结果定出匹配等能光谱色的光谱三刺激值，规定三原色光为 700 nm（红色）、546.1 nm（绿色）和 435.8 nm（蓝色）。根据实验结果，当这三原色光的辐射能之比为 72.096 2∶1.379 1∶1.000 0，或它们的相对亮度比例为 1.000 0∶4.590 7∶0.060 1 时，就能匹配产生等能量的白光，如图 2-35 所示。因此，CIE 就选取这一比例作为红、绿、蓝三原色光的单位量，即匹配等能白光时三原色的比例为 1∶1∶1，虽然此时三原色光的实际亮度值不相等，但 CIE 把每一个原色的亮度值作为一个单位看待，

以方便计算。按照这一规定，在实际匹配中，匹配等能光谱每一波长为 1 的光谱色对应的三原色数量，就称为光谱三刺激值，记为 $\bar{r}(1)$、$\bar{g}(1)$、$\bar{b}(1)$。光谱三刺激值曲线如图 2-36 所示，这一组函数又被称作 "CIE 1931 RGB 系统标准色度观察者光谱三刺激值"，简称 "CIE 1931 RGB 系统标准观察者"。根据光谱上各波长光的色度坐标可以把光谱上的颜色在色度图上绘制出来，如图 2-37 所示。

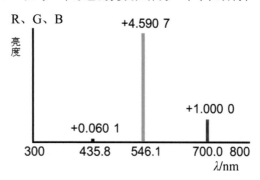

图 2-35　匹配等能量白光红、绿、蓝三原色亮度比

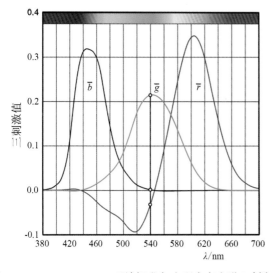

图 2-36　CIE 1931 RGB 系统标准色度观察者光谱三刺激值

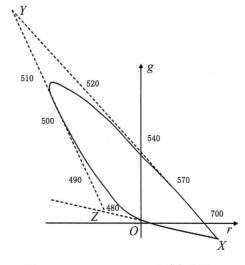

图 2-37　CIE 1931 RGB 系统色度图

CIE 1931 RGB 光谱三刺激值与色度坐标

在色度图中，偏马蹄形曲线就是光谱轨迹，将光谱轨迹两端连起来，形成一个封闭的区域，人眼所能分辨的所有的颜色都分布在该区域内，区域外的颜色是实际不存在的。可以看出，光谱轨迹上很大一部分的 r 坐标值都是负值。CIE 1931 RGB 系统的光谱三刺激值是通过实验得出的，本来可以用于色度学计算，表示颜色，但由于三刺激值出现负值，计算起来很不方便，而且不好理解。因此，1931 年 CIE 又推荐了一个新的国际色度学系统——CIE 1931 XYZ 系统，又称为 XYZ 国际坐标制。

### 2. CIE 1931 XYZ 系统

为了避免 CIE 1931 RGB 系统的光谱三刺激值出现负值，CIE 在 RGB 系统的基础上，选用了 X、Y、Z 三个理想的原色来代替实际的 R、G、B 三原色，建立了一个新的 CIE 1931 XYZ 系统，在新的色度系统中，三刺激值和色度坐标均为正值。

（1）CIE 1931 RGB 系统向 CIE 1931 XYZ 系统的转换。CIE 在建立新的 XYZ 色度系统时，主要基于以下三个方面的考虑：

首先，新选择的三个原色所形成的三角形色度图必须能包括整个光谱轨迹，也就是说这三个原色在色度图上必须落在光谱轨迹之外，而不能在光谱轨迹的范围之内。这就决定了新选择的 X、Y、Z 三原色是理想的三原色，并不是真实存在的颜色，即（X）代表红原色、（Y）代表绿原色、（Z）代表蓝原色。这三个新原色在 CIE 1931 RGB 色度图上的位置如图 2-38 所示，它们虽不真实存在，但所形成的虚线三角形却包含整个光谱轨迹，可以保证在这个新系统中，光谱轨迹上及轨迹以内的色度坐标都成为正值。

其次，光谱轨迹 540 ~ 700 nm 的光谱色在 RGB 色度图上基本上是一段直线。用这段线上的两个颜色相混合可以得到两色之间的各种光谱色，CIE 规定新的 XYZ 三角形的 XY 边与这段直线重合，这样，在这段直线光谱轨迹上的颜色只涉及（X）原色和（Y）原色的变化，而不涉及（Z）原色，以方便计算。另外，新的 XYZ 三角形的 YZ 边应尽量与光谱轨迹短波部分的一点（503 nm）靠近，这样结合 XY 边，就可以使光谱轨迹内的真实颜色尽量落在 XYZ 三角形内较大部分的空间，从而减少三角形内实际不存在的颜色范围。

最后，规定（X）和（Z）的亮度为 0，XZ 线称为无亮度线。无亮度线上的各点只代表色度，没有亮度，使 Y 既代表色度，也代表亮度，这样，用 X、Y、Z 计算色度时，因 Y 本身又代表亮度，就使亮度计算更为方便。

无亮度线 XZ 在 RGB 系统中的位置用以下方法确定：前面已经介绍过，CIE 的（R）、（G）、（B）三原色的相对亮度关系：Y（R）=1.000 0，Y（G）=4.590 7，Y（B）=0.060 1，则 RGB 系统中色度坐标为 r、g、b 的某一颜色 C 的亮度可以表示为：Y（C）=r+4.590 7g+0.060 1b，如果该颜色正好在无亮度线上，则其亮度 Y（C）=0，这时就有 r+4.590 7g+0.060 1b=0，又因为 r+g+b=1，将 b=1-r-g 代入上式并整理可得：0.939 9r+4.530 6g+0.060 1=0，该式就是 XZ 无亮度线的方程。在这条线上各点的亮度都为 0，即都是黑的。XY 边选取 700 nm 和 540 nm 两点作为直线上的两点，求出这条直线的方程为：r+0.99g-1=0。而 YZ 边取一条与光谱轨迹波长 503 nm 点相靠近的直线，求得其方程为：1.45r+0.55g+1=0。这样通过 XY、YZ、XZ 三条直线的方程就可以求出三条直线相交的点，即 X、Y、Z 三点在 r、g 色度上的坐标：

X：$r$= 1.275 0，$g$=-0.277 8，$b$=0.002 8

Y：$r$=-1.739 2，$g$=2.767 1，$b$=-0.027 9

Z：$r$= -0.743 1，$g$=-0.140 9，$b$=1.602 2

通过坐标转换可将 CIE 1931 RGB 系统中的光谱色色度坐标转换为 CIE 1931 XYZ 系统的色度坐标，对某一波长的光谱色，$r(\lambda)$、$g(\lambda)$、$b(\lambda)$ 与 $x(\lambda)$、$y(\lambda)$、$z(\lambda)$ 色度坐标的关系式为

CIE 1931 XYZ 光谱三刺激值与色度坐标

$$x(\lambda)=\frac{0.490\,00r(\lambda)+0.310\,00g(\lambda)+0.200\,00b(\lambda)}{0.666\,97r(\lambda)+1.132\,40g(\lambda)+1.200\,63b(\lambda)}$$

$$y(\lambda)=\frac{0.176\,97r(\lambda)+0.812\,40g(\lambda)+0.010\,63b(\lambda)}{0.666\,97r(\lambda)+1.132\,40g(\lambda)+1.200\,63b(\lambda)}$$

$$z(\lambda)=\frac{0.000\,00r(\lambda)+0.010\,00g(\lambda)+0.990\,00b(\lambda)}{0.666\,97r(\lambda)+1.132\,40g(\lambda)+1.200\,63b(\lambda)}\qquad(2\text{-}6)$$

通过上面的转换公式求出 CIE 1931 RGB 色度图中各波长光谱色在 CIE 1931 XYZ 色度图中的色度坐标。

将各光谱色在色度图中标出来，然后将各光谱色点连起来，则得到 CIE 1931 XYZ 色度图的光谱轨迹，如图 2-38 所示。

在 CIE 1931 XYZ 色度图上，光谱轨迹曲线及连接光谱轨迹两端所形成的马蹄形内包含一切人眼所能看到的真实颜色，凡是落在光谱轨迹和由红端到紫端直线范围以外的颜色都是实际不存在的颜色。另外，从 CIE 1931 XYZ 色度图上可以分析出如下特点：

靠近长波末端 700 ~ 780 nm 的光谱波段具有一个恒定的色度值，都为 $x$=0.734 7，$y$=0.265 3，$z$=0，所以在色度图上只由一个点来表示。只要 700 ~ 780 nm 这段光谱轨迹上的任何两个颜色亮度相同，则这两个颜色在人眼看来就是一样的。

光谱轨迹 540 ~ 700 nm 这一波段在色度图上的坐标满足 $x+y$=1，这是一条与 $XY$ 边重合的直线。在这段光谱范围内的任何光谱色都可由 540 nm 和 700 nm 两种波长的色光以一定比例混合而产生。

光谱轨迹 380 ~ 540 nm 这一波段是条曲线，在此范围内的一对光线的混合不能产生两者之间的位于光谱轨迹上的颜色，只能产生光谱轨迹所包围面积内的混合色。

光谱轨迹上的颜色饱和度最高，而离开光谱轨迹越接近等能白色 C 的颜色，饱和度越低。因此，在 380 ~ 540 nm 波长范围内，随着两个光谱色波长间隔的增加，其混合色的饱和度就越低，当两光谱色混合产生白色时，这对光谱色就称为互补色。在色度图上很容易确定一对互补光谱色的波长：从光谱轨迹的一点通过等能白色点划一直线，直线将与光谱轨迹相交，直线与两侧轨迹的相交点就是一对互补。在色度图上可以看出，在 380 ~ 494 nm 的光谱色的补色存在于 570 ~ 700 nm 之间，反之亦然。在 494 ~ 570 nm 的光谱色的补色属于谱外色，只能由光谱轨迹两端（长波段和短波段）的两种光线相混合而产生出来。因为 494 ~ 570 nm 的色度点与等能白色点连线的延长线，正好与连接光谱轨迹两端的直线相交，而这段直线是由光谱两端颜色相加的混合色的轨迹。

如果在 CIE 1931 XYZ 色度图中将黑体的颜色标出来，并将各黑体点连起来，将形成图 2-39 所示的一条曲线，通常称为黑体轨迹。从图 2-39 中可以看出，当色温比较低时，黑体颜色偏红色；色温较高时，黑体颜色偏蓝色。

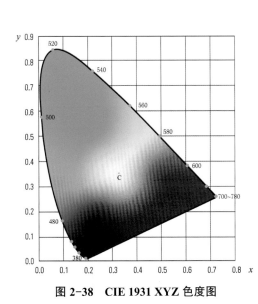

图 2-38　CIE 1931 XYZ 色度图

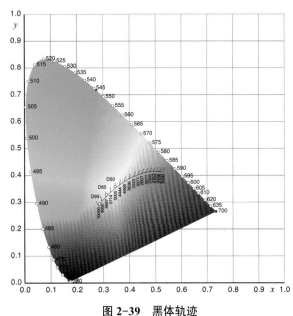

图 2-39　黑体轨迹

CIE 1931 XYZ 色度图能准确地描述颜色视觉的基本规律及颜色混合的一般规律，因此，也称为混色图。CIE 1931 XYZ 色度坐标只能表示颜色的色度，即色相和饱和度，并不能表示颜色的亮度，也就是说，仅知道某一颜色的色度坐标（$x$，$y$）并不能确定这一颜色，要唯一确定该颜色还需要知道该颜色的亮度值。而 CIE 1931 XYZ 系统的光谱三刺激值中的 $Y$ 值正好表示颜色的亮度，因此，在实际应用中通常用如图 2-40 所示的 CIE 颜色立体来描述一个具体的颜色，这样既有了表示颜色的亮度特征的亮度因素，又有了表示颜色色相和饱和度的色度坐标。

（2）CIE 1931 XYZ 标准色度观察者光谱三刺激值。在 CIE 1931 XYZ 系统中，将用来匹配等能光谱的（X）、（Y）、（Z）三原色数量称作"CIE 1931 标准色度观察者光谱三刺激值"，也称为"CIE 1931 标准色度观察者颜色匹配函数"，简称"CIE 1931 标准观察者"。在 CIE 1931 标准观察者光谱三刺激值 $\bar{x}$、$\bar{y}$、$\bar{z}$ 中，规定 $\bar{y}(\lambda)$ 与明视觉光谱光效率函数一致，即 $\bar{y}(\lambda)=V(\lambda)$。根据 CIE 1931 XYZ 色度图的光谱轨迹色度坐标 $x(\lambda)$、$y(\lambda)$、$z(\lambda)$ 和光谱光效率函数 $V(\lambda)$ 就可通过下列公式求得光谱三刺激值。

$$\bar{x}(\lambda) = \frac{x(\lambda)}{y(\lambda)}V(\lambda)$$

$$\bar{y}(\lambda) = V(\lambda)$$

$$\bar{z}(\lambda) = \frac{z(\lambda)}{y(\lambda)}V(\lambda) \tag{2-7}$$

根据三刺激值可画出 CIE 1931 XYZ 光谱三刺激值曲线，如图 2-41 所示。

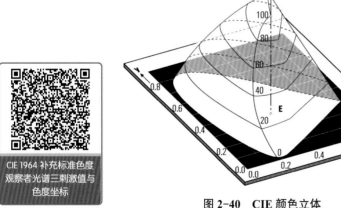

图 2-40　CIE 颜色立体

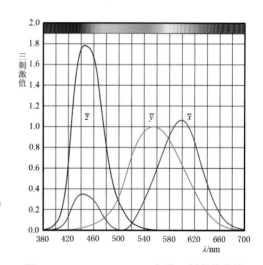

图 2-41　CIE 1931 XYZ 光谱三刺激值曲线

（3）CIE 1964 补充标准色度学系统。CIE 1931 XYZ 系统是在 2° 的视场观察条件下实验的结果，当观察视场大于 4° 时就不适合了。在大面积视场观察条件下，由于人眼内杆体细胞的参与及中央凹的影响，颜色视觉会发生一定的变化，这主要表现为饱和度的降低，以及颜色视场出现不均匀的现象。为了适合 10° 大视场的色度测量，CIE 在 1964 年又规定了一组"CIE 1964 补充标准色度观察者光谱三刺激值"和相应的色度图。这一系统称为"CIE 1964 补充标准色度学系统"。

CIE 1964 补充标准色度学系统选择的三原色为红（645.2 nm）、绿（526.3 nm）、蓝（444.4 nm）。为了避免杆体细胞的参与，在实验中使用高亮度的颜色刺激。实验结果通过用 CIE 1931 RGB 系统向 CIE 1931 XYZ 系统进行坐标转换的同样方法，将光谱三刺激值转换成新的 CIE 1964 XYZ 补充色度系统的光谱三刺激值。

通过色度坐标，绘制 CIE 1964 补充标准色度学系统色度图，并与 CIE 1931 色度学系统色度图比较，如图 2-42 所示。可以看出，两者的光谱轨迹形状很相似，但相同波长的光谱色在各自光谱轨迹上的位置却有比较大的差异，即相同的光谱色在两个系统中具有不同的色度坐标。两张色度图上唯一重合的色度点就是等能白点。

经研究表明，人眼用小视场观察颜色时，辨别颜色差异的能力比较低，当观察视场从 2°增大到 10° 时，颜色匹配的精度会随之提高，但如果视场进一步增大，颜色匹配精度的提高就不大了。

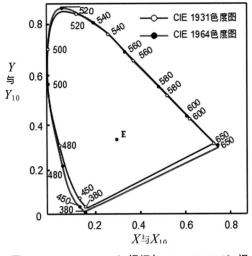

图 2-42　CIE 1931 2°视场与 CIE 1964 10°视场色度图的比较

（4）物体颜色三刺激值的计算。物体颜色感觉的形成与光源、物体本身表面特性以及人眼的视觉特性有关。因此，物体颜色的三刺激值计算将涉及光源能量分布 $S(\lambda)$、物体表面反射性能［反射率 $\rho(\lambda)$ 或透射率 $\tau(\lambda)$］和人眼颜色视觉特性［光谱三刺激值 $\bar{x}(\lambda),\bar{y}(\lambda),\bar{z}(\lambda)$］三个方面的特征参数。

光源或物体的颜色是由进入眼睛的不同波长的光混合而成的感觉。把进入眼睛的光能量随波长的分布称为颜色刺激函数 $\varphi(\lambda)$。测量对象不同，$\varphi(\lambda)$ 的计算方法不同：对于光源色，$\varphi(\lambda)=S(\lambda)$；对于不透明物体，$\varphi(\lambda)=S(\lambda)\rho(\lambda)$；对于透明物体，$\rho(\lambda)=S(\lambda)\tau(\lambda)$。

人眼对不同波长的颜色刺激感觉强度不同，只有 $\varphi(\lambda)$ 与该波长的 CIE 光谱三刺激值的乘积才是由这个波长的颜色刺激所引起的颜色感觉。

根据格拉斯曼定律，两种颜色相混合产生的第三种颜色的三刺激值应该是两种原色的三刺激值的算术和，即 $X_3=X_1+X_2$, $Y_3=Y_1+Y_2$, $Z_3=Z_1+Z_2$。其中，$X_1$、$Y_1$、$Z_1$ 为颜色 1 的三刺激值，$X_2$、$Y_2$、$Z_2$ 为颜色 2 的三刺激值，$X_3$, $Y_3$, $Z_3$ 为颜色 3 的三刺激值。

因此，人眼对物体总的颜色感觉应是物体反射或透射光源各波长颜色感觉的总和。物体颜色的三刺激值可计算为

$$X = K\int_\lambda \varphi(\lambda)\bar{x}(\lambda)\mathrm{d}\lambda$$
$$Y = K\int_\lambda \varphi(\lambda)\bar{y}(\lambda)\mathrm{d}\lambda$$
$$Z = K\int_\lambda \varphi(\lambda)\bar{z}(\lambda)\mathrm{d}\lambda \qquad (2-8)$$

上式中的 $\lambda$ 取值范围为 380 ~ 780 nm。常数 $K$ 叫作调整因数，它是将光源的 $Y$ 值调整为 100 时得出的，即

$$K = \frac{100}{\int_\lambda S(\lambda)\bar{y}(\lambda)\mathrm{d}\lambda}$$

在实际应用中三刺激值通常采用求和的方法来计算，即

$$X = K\sum_\lambda \varphi(\lambda)\bar{x}(\lambda)\Delta\lambda$$
$$Y = K\sum_\lambda \varphi(\lambda)\bar{y}(\lambda)\Delta\lambda$$

$$Z = K\sum_\lambda \varphi(\lambda)\bar{z}(\lambda)\Delta\lambda \tag{2-9}$$

相应的 $K$ 也可通过求和的方法计算得到，即

$$K = \frac{100}{\sum_\lambda S(\lambda)\bar{y}(\lambda)\Delta\lambda}$$

将 $\varphi(\lambda)$ 分别代入式（2-8）、式（2-9）中，则可以计算光源、不透明物体和透明物体颜色的三刺激值。

光源色的三刺激值计算公式为

$$X = K\int_\lambda S(\lambda)\bar{x}(\lambda)\,\mathrm{d}\lambda \text{ 或 } X = K\sum_\lambda S(\lambda)\bar{x}(\lambda)\Delta\lambda$$

$$Y = K\int_\lambda S(\lambda)\bar{y}(\lambda)\,\mathrm{d}\lambda \text{ 或 } Y = K\sum_\lambda S(\lambda)\bar{y}(\lambda)\Delta\lambda$$

$$Z = K\int_\lambda S(\lambda)\bar{z}(\lambda)\,\mathrm{d}\lambda \text{ 或 } Z = K\sum_\lambda S(\lambda)\bar{z}(\lambda)\Delta\lambda \tag{2-10}$$

不透明物体颜色的三刺激值计算公式为

$$X = K\int_\lambda S(\lambda)\rho(\lambda)\bar{x}(\lambda)\,\mathrm{d}\lambda \text{ 或 } X = K\sum_\lambda S(\lambda)\rho(\lambda)\bar{x}(\lambda)\Delta\lambda$$

$$Y = K\int_\lambda S(\lambda)\rho(\lambda)\bar{y}(\lambda)\,\mathrm{d}\lambda \text{ 或 } Y = K\sum_\lambda S(\lambda)\rho(\lambda)\bar{y}(\lambda)\Delta\lambda$$

$$Z = K\int_\lambda S(\lambda)\rho(\lambda)\bar{z}(\lambda)\,\mathrm{d}\lambda \text{ 或 } Z = K\sum_\lambda S(\lambda)\rho(\lambda)\bar{z}(\lambda)\Delta\lambda \tag{2-11}$$

透明物体颜色的三刺激值计算公式为

$$X = K\int_\lambda S(\lambda)\tau(\lambda)\bar{x}(\lambda)\,\mathrm{d}\lambda \text{ 或 } X = K\sum_\lambda S(\lambda)\tau(\lambda)\bar{x}(\lambda)\Delta\lambda$$

$$Y = K\int_\lambda S(\lambda)\tau(\lambda)\bar{y}(\lambda)\,\mathrm{d}\lambda \text{ 或 } Y = K\sum_\lambda S(\lambda)\tau(\lambda)\bar{y}(\lambda)\Delta\lambda$$

$$Z = K\int_\lambda S(\lambda)\tau(\lambda)\bar{z}(\lambda)\,\mathrm{d}\lambda \text{ 或 } Z = K\sum_\lambda S(\lambda)\tau(\lambda)\bar{z}(\lambda)\Delta\lambda \tag{2-12}$$

计算 10° 视场下光源、透明物体和不透明物体颜色的三刺激值时，只需将式（2-10）~式（2-12）中光谱三刺激值 $[\bar{x}(\lambda),\bar{y}(\lambda),\bar{z}(\lambda)]$ 换成 CIE 1964 补充标准色度学系统光谱三刺激值 $[\bar{x}_{10}(\lambda),\bar{y}_{10}(\lambda),\bar{z}_{10}(\lambda)]$，并将 $K$ 换为 $K_{10}$，即

$$K_{10} = \frac{100}{\sum_\lambda S(\lambda)\bar{y}_{10}(\lambda)\Delta\lambda}$$

三刺激值计算出来后，光源、透明物体与不透明物体的色度坐标可用下面公式计算：

$$x = \frac{X}{X+Y+Z}$$

$$y = \frac{Y}{X+Y+Z}$$

$$z = \frac{Z}{X+Y+Z} = 1-x-y \tag{2-13}$$

10° 视场的色度系统的色度坐标则按下面公式计算：

$$x_{10} = \frac{X_{10}}{X_{10} + Y_{10} + Z_{10}}$$

$$y_{10} = \frac{Y_{10}}{X_{10} + Y_{10} + Z_{10}}$$

$$z_{10} = \frac{Z_{10}}{X_{10} + Y_{10} + Z_{10}} = 1 - x_{10} - y_{10}$$

（2-14）

知识点测试：CIE 标准
色度系统

**学以致用**：CIE 1964 补充色度学系统适合于计算印刷颜色的三刺激值吗？

## 知识点 3　均匀颜色空间与色差公式

　　CIE 1931 XYZ 系统解决了颜色的定量描述和计算问题，也为颜色的测量提供了理论依据，但它不能用来表示颜色之间的差别。在颜色复制过程中，经常需要通过测量复制品与原稿的颜色差别来检测颜色复制的准确性，这就需要有一种科学的计算颜色差别的方法，还要求测量结果必须与人眼对颜色的差别感觉一致。在颜色空间中，任何一种颜色都可以用颜色空间中的一个点来表示，不同的颜色在颜色空间中具有不同的坐标，即两个颜色位置不同。在实际应用中，通常用颜色空间中两个颜色之间的距离来表示这两个颜色的差别。在一个理想的均匀颜色空间里，视觉上色相相同的颜色在色度图上应该分布在一条过白点的直线上，视觉上饱和度相等的颜色在色度图上应该分布在一个以白点为圆心的圆周上，视觉上饱和度差相等的颜色分布在等间距的同心圆上，而且在颜色空间里面任意位置上相等的距离应该代表相等的颜色视觉差异。

　　在色度图上，每一个点都代表某一确定的颜色。每一种颜色在色度图上虽然是一个点，但对视觉来说，当这种颜色的坐标位置发生很小的变化时，人眼仍认为它是原来的颜色，而感觉不出它的变化。虽然每一个颜色在色度图上占一个点的位置，但对人的视觉来说，它实际上是一个范围，这个范围内的颜色变化实际在视觉上是等效的。将这个人眼感觉不出的颜色变化范围称为颜色的宽容度。对于一个均匀的颜色空间来说，其色度图上不同区域的颜色宽容度应该是一样的，因此，宽容度的均匀性是用来检测颜色空间色度均匀性的一种常用方法。

### 1. CIE 1931 XYZ 颜色空间的不均匀性

　　为了分析 CIE 1931 XYZ 颜色空间的色度均匀性，莱特和彼特（F. H. G. Pitt）选取光谱上不同波长的颜色，研究人眼对光谱不同部位的辨别能力。在两半视场呈现相同波长 λ 的光谱色，一半视场的波长 λ 固定，改变另一半视场的波长，直到观察者察觉出颜色的不同，由于是研究色度均匀性，在实验时，要保持两半视场的相等。图 2-43 所示曲线表示人眼对光谱上不同波长的颜色差别感受性。在 490 nm 和 600 nm 附近，视觉的辨色能力很高，波长只要改变 1 nm 就会被人眼察觉出来；而在 430 nm 和 650 nm 附近，人眼的辨色能力很低，波长需要改变 5 ~ 6 nm 人眼才能感觉出颜色的差别。

　　图 2-44 是在 CIE 色度图光谱轨迹上用不同长度的线段表示人眼对光谱色的差别感受性，线段的长度表示人眼对光谱颜色辨别的宽容度，在每一线段的波长变化范围内，人眼不能察觉出颜色的差异，只有当波长的变化超出每一线段的范围时才能感觉到颜色的变化。从图 2-44 中可以看出，光谱上不同部位的颜色宽容度是不同的，光谱红端和蓝端的线段都很短，而绿色部分却很长。莱特又用

CIE 色度图上的混合色做实验，自光谱轨迹对侧取两个单色光，或自光谱轨迹上取一个单色光，自连接光谱轨迹两端的直线上另取一个紫色光，用上述同样的实验方法，通过改变两个成分在混合光中的比例，测出人眼对两个成分之间的各种非饱和色的颜色差别阈限，从而找到分布在色度图不同位置上各个颜色的宽容度。

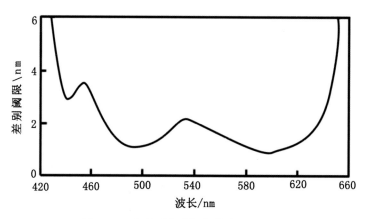

图 2-43　人眼对光谱颜色的差别感受性

美国柯达研究所的研究人员麦克亚当（D. L. MacAdam）在 CIE 色度图上不同位置选择了 25 个颜色点，确定其颜色辨别的恰可察觉差，实验结果如图 2-45 所示。以颜色 M 为中心，测定 5 到 9 个对侧方向上的颜色匹配范围，并用各方向上颜色匹配的标准差定出颜色的宽容度，围绕 M 点的标准差点可以连成一个椭圆，最终得到大小不同、长轴也不等的 25 个椭圆，称为麦克亚当椭圆。以 4 号椭圆形为例，其长轴位于色度图的 $y$ 轴方向，短轴位于 $x$ 轴方向，这表明，当此颜色从椭圆中心点向各个方向变化时，$y$ 轴坐标值需要较大的变化才能使观察者感觉到颜色的变化，而 $x$ 轴坐标值只要较小的变化就能让观察者察觉。

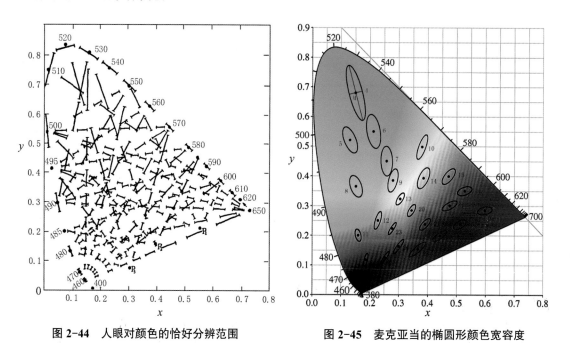

图 2-44　人眼对颜色的恰好分辨范围　　　　　图 2-45　麦克亚当的椭圆形颜色宽容度

莱特和麦克亚当的实验得到的结果基本一致，在色度图的不同位置上，颜色的宽容度不一样，蓝色部分宽容度最小，绿色部分则最大。也就是说，在色度图上同样空间内，在蓝色部分人眼能看出更多数量的各种蓝色，而在绿色部分人眼只能看出较少数量的各种绿色，所以 CIE 1931 XYZ 颜色空间不是一个均匀的颜色空间。

　　同样，将孟塞尔新标系统中具有视觉上等色相和等饱和度的颜色描绘在 CIE 1931 XYZ 颜色空间的色度图上，也能看出 CIE 1931 XYZ 颜色空间的不均匀性。先测出大量具有相同亮度（明度值为 5）的各种颜色样品的 x、y 色品坐标。然后以中央轴上灰色为标准，选出那些视觉上与灰色有相同差别的各种颜色。这些颜色有相同的饱和度，这些颜色在色度图上是一个恒定饱和度轨迹圈。再在此图上选出五个有相等差距的主要色相，又分别找出主要色相间相等差距的中间色相，以此类推可找出 40 个或更多的饱和度相等而在视觉上又是等差的各种色相，然后分别选出与这些色样色相相同但饱和度不同的所有色样，按它们的 x、y 坐标值标注在色度图上，连接各点便得到恒定色相轨迹图。在每条恒定色相轨迹上选定某一色样，将这一色相与中央灰的饱和度差别作为标准，在恒定色相轨迹上标出与中央灰的饱和度差别大于这个差别 1 倍、2 倍和更大差别的色样直到把同一色相的轨迹上所有饱和度色样都包括进去。然后把色度图上各种色相间等饱和度的色样连接起来，就得到了一系列恒定饱和度的轨迹图，如图 2-46 所示。从图中可以看出，大部分恒定色相轨迹并不是直线而是曲线，具有相等饱和度差的恒定饱和度轨迹并不是同心圆，因而视觉上相等的饱和度差别在色度图上并不是用相等的距离来表示的。

　　综上所述，CIE 1931 色度图不是一个理想的色度图，图上的色度空间在视觉上是不均匀的，即图上相等的空间在视觉效果上不是等差的，不能正确反映颜色的视觉效果。由于 CIE 1931 色度图的不均匀性，在色度图上人眼辨别颜色不敏感的区域，原颜色坐标点与复制颜色坐标点的距离虽较大，但复制的效果仍可能是较好的；而在颜色视觉敏感区，虽两色度点距离较近，但复制质量也可能是低劣的。如果利用色度图上的空间距离来表示原颜色和复制颜色的差别就可能与视觉上两颜色的差别不一致。因此，CIE 1931 XYZ 颜色空间不能够正确反映颜色视觉效果，不能用来计算颜色之间的差别。

　　为了克服 CIE 1931 XYZ 色度图的不均匀性，CIE 根据麦克亚当的研究对 CIE 1931 XYZ 系统进行了改进，通过对 CIE 1931 XYZ 色度系统进行线性变换得到一个新的 CIE 1960 UCS 系统，该系统保持了 CIE 1931 XYZ 色度系统表示明度的 Y 值不变，将色度图均匀化了。与 CIE 1931 XYZ 色度系统相比较，CIE 1960 UCS 色度图具有较好的均匀性，能够正确地反映颜色的视觉效果，但忽略了表示明度变化的亮度因素。CIE 1960 UCS 系统只能用来计算具有相同亮度因素的颜色的色差，即只能计算二维空间的色度差异。所以，有必要把 CIE 1960 UCS 色度图的二维空间扩充到包含亮度因素在内的三维空间。

　　1964 年，CIE 推荐了 CIE 1964 均匀颜色空间，该颜色空间是一个三维的颜色空间，它是通过 CIE 1931 XYZ 系统通过非线性变换得到的，具有较好的均匀性，同时给出了计算色差的公式，并在工业上得到了广泛的应用。

　　1976 年，CIE 又推荐了两个最新的颜色空间和相关的色差公式，分别是 CIE 1976 $L*a*b*$ 颜色空间和 CIE 1976 $L*u*v*$ 颜色空间。这两个颜色空间已经作为国际通用的测色标准被世界各国采纳，一直沿用至今。

### 2. CIE 1976 $L*a*b*$ 均匀颜色空间

　　（1）CIE 1976 $L*a*b*$ 均匀颜色空间。1975 年，在伦敦举行的 CIE 第 18 届大会上，加拿大的维泽斯基（G. Wyszecki）提供了一份新的关于均匀颜色空间和色差计算的报告，由会议通过并向世界各国推荐，这就是现在称之为 CIE 1976 $L*a*b*$ 的均匀颜色空间，如图 2-47 所示。

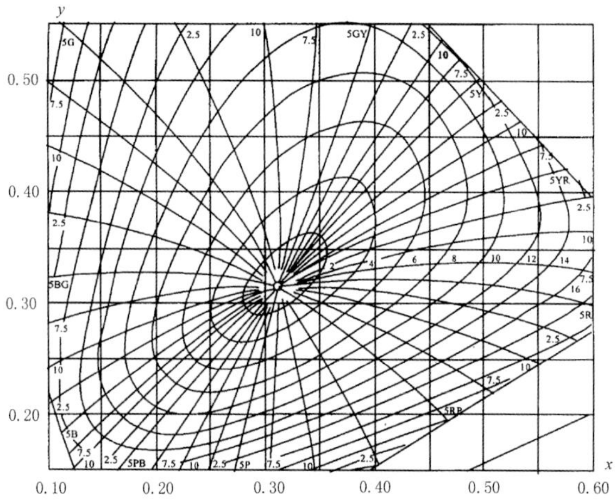

图 2-46　CIE 1931 色度图上的恒定饱和度和色相轨迹

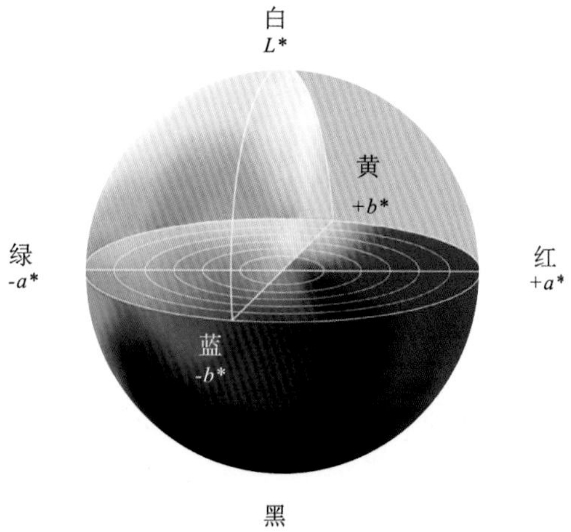

图 2-47　CIE 1976 $L*a*b*$ 均匀颜色空间

CIE 1976 $L*a*b*$ 均匀颜色空间及其色差公式按下面的方程计算：

$$L*=116\left[f\left(Y/Y_0\right)\right]-16$$
$$a*=500\left[f\left(X/X_0\right)-f\left(Y/Y_0\right)\right]$$
$$b*=200\left[f\left(Y/Y_0\right)-f\left(Z/Z_0\right)\right] \tag{2-15}$$

式中，当 $X/X_0 > 0.008\,856$ 时，$f\left(X/X_0\right)=\left(X/X_0\right)^{1/3}$，$f\left(Y/Y_0\right)=\left(Y/Y_0\right)^{1/3}$，$f\left(Z/Z_0\right)=\left(Z/Z_0\right)^{1/3}$；当 $X/X_0 \leqslant 0.008\,856$ 时，$f\left(X/X_0\right)=7.786\,7\left(X/X_0\right)+16/116$，$f\left(Y/Y_0\right)=7.786\,7\left(Y/Y_0\right)+16/116$，$f\left(Z/Z_0\right)=7.786\,7\left(Z/Z_0\right)+16/116$。

例如，当 $Y/Y_0 > 0.008\,856$ 时，公式具体表示如下：

$$L*=116\left(Y/Y_0\right)^{1/3}-16$$
$$a*=500\left[\left(X/X_0\right)^{1/3}-\left(Y/Y_0\right)^{1/3}\right]$$
$$b*=200\left[\left(Y/Y_0\right)^{1/3}-\left(Z/Z_0\right)^{1/3}\right] \tag{2-16}$$

式中，$L*$ 表示心理明度；$a*$、$b*$ 表示心理色度；$X$、$Y$、$Z$ 表示颜色样品的三刺激值；$X_0$、$Y_0$、$Z_0$ 表示 CIE 标准照明体的三刺激值。例如，2° 视场条件下 D65 的三刺激值为 $X_0=95.05$，$Y_0=100.00$，$Z_0=108.90$；10° 视场条件下 D65 三刺激值为 $X_0=94.81$，$Y_0=100.00$，$Z_0=107.34$。

从上面的公式中可以看出，从 $X$、$Y$、$Z$ 变换为 $L*$、$a*$、$b*$ 时包含立方根的函数变换，经过这种非线性变换后，原来的偏马蹄形光谱轨迹就不存在了。转换后的空间用笛卡儿直角坐标体系来表示，形成了对立色坐标表述的心理颜色空间，如图 2-48 所示。在这一坐标系统中，$+a*$ 表示红色，$-a*$ 表示绿色，$+b*$ 表示黄色，$-b*$ 表示蓝色，颜色的明度由 $L*$ 的百分数来表示。图 2-49 表示 CIE 1976 $L*a*b*$ 均匀颜色空间中人眼所能看到的所有颜色。

CIE 1976 $L*a*b*$ 心理颜色空间与孟塞尔颜色立体很相似，很容易转换，因此，在 CIE 的推荐中，还定义了计算彩度 $C*$ 和色相角 $h*$ 的公式：

$$C*=\left[\left(a*\right)^2+\left(b*\right)^2\right]^{1/2}$$
$$h*=180/\pi\ \arctan^{-1}\left(b*/a*\right) \tag{2-17}$$

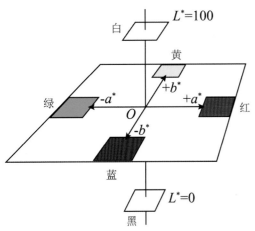

图 2-48 CIE $L^*a^*b^*$ 坐标体系

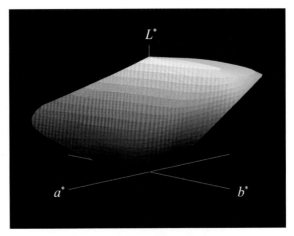

图 2-49 CIE 1976 $L^*a^*b^*$ 均匀颜色空间中人眼能看到的颜色

（2）CIE 1976 L*a*b* 色差公式。色差是指用数值的方式表示的两种颜色给人颜色感觉上的差别。在 CIE 1976 L*a*b* 心理颜色空间中，两个颜色的色差用下列公式来计算：

明度差：$\Delta L^* = L_1^* - L_2^*$；

色度差：$\Delta a^* = a_1^* - a_2^*$，$\Delta b^* = b_1^* - b_2^*$；

总色差：$\Delta E_{ab}^* = \sqrt{(\Delta L^*)^2 + (\Delta a^*)^2 + (\Delta b^*)^2}$；

彩度差：$C_{ab}^* = C_{ab1}^* - C_{ab2}^*$；

色相角差：$\Delta h_{ab}^* = h_{ab1}^* - h_{ab2}^*$；

色相差：$\Delta H_{ab}^* = \sqrt{(\Delta E_{ab}^*)^2 - (\Delta L_{ab}^*)^2 - (\Delta C_{ab}^*)^2}$。

计算两个颜色的色差时可以把其中的任一个颜色作为标准色，则另一个就是样品色。假设颜色 1 为标准色，颜色 2 为样品色，如果计算结果出现正负值时，结合图 2-50，则有下面的物理含义：

若 $\Delta L^* = L_1^* - L_2^* > 0$ 为正值，表示样品色比标准色深，明度低；若 $\Delta L^* = L_1^* - L_2^* < 0$ 为负值，表示样品颜色比标准色浅，明度高。

若 $\Delta a^* = a_1^* - a_2^* > 0$ 为正值，表示样品色比标准色偏绿；若 $\Delta a^* = a_1^* - a_2^* < 0$ 为负值，表示样品色偏红。

若 $\Delta b^* = b_1^* - b_2^* > 0$ 为正值，表示样品色比标准色偏蓝；若 $\Delta b^* = b_1^* - b_2^* < 0$ 为负位，表示样品色比标准色偏黄。

若 $C_{ab}^* = C_{ab1}^* - C_{ab2}^* > 0$ 为正值，表示样品色比标准色彩度低，含有较多的"白光"或"灰分"；若 $C_{ab}^* = C_{ab1}^* - C_{ab2}^* < 0$ 为负值，表示样品色比标准色彩度高，含有较少的"白光"或"灰分"。

若 $\Delta h_{ab}^* = h_{ab1}^* - h_{ab2}^* > 0$，表示样品色位于标准色的顺时针方向上；若 $\Delta h_{ab}^* = h_{ab1}^* - h_{ab2}^* < 0$，表示样品色位于标准色的逆时针方向上。根据标准色所处的位置，就可以判断样品色是偏红还是偏黄。

色差计算实例：假设在 2° 标准观察者和 C 光源的照明条件下，测得用黄色油墨印制的三个样品的色度坐标如下：

颜色 1：$Y$=71.79，$x$=0.4210，$y$=0.478 8；

颜色 2：$Y$=70.67，$x$=0.4321，$y$=0.488 0；

颜色 3：$Y$=67.95，$x$=0.4441，$y$=0.494 7；

C 光源：$Y_0$=100，$x_0$=0.3101，$y_0$=0.316 2。

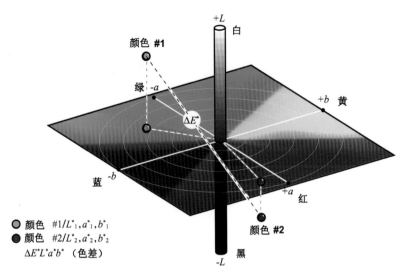

图 2-50　色差计算

根据式（2-18）[式（2-18）可由式（2-13）变形得到]计算各颜色样品和光源的三刺激值，即

$$X=Y \cdot x/y$$

$$Y=Y$$

$$Z=Y \cdot z/y= Y \cdot （1-x-y）/y \tag{2-18}$$

由此得到

颜色 1：$Y_1$=71.79，$X_1$=63.13，$Z_1$=15.02；

颜色 2：$Y_2$=70.60，$X_2$=62.46，$Z_2$=11.43；

颜色 3：$Y_3$=67.95，$X_3$=61.00，$Z_3$=8.40；

C 光源：$Y_0$=100，$X_0$=98.07，$Z_0$=118.22。

将三刺激值代入式（2-16），求得

颜色 1：$L_1^*$ =116×（71.79/100）$^{1/3}$-16=87.95

$\qquad a_1^*$ =500×[（63.13/98.07）$^{1/3}$-（71.79/100）$^{1/3}$ ] =-16.36

$\qquad b_1^*$ =200×[（71.79/100）$^{1/3}$-（15.02/118.22）$^{1/3}$ ] =78.68

颜色 2：$L_2^*$ =116×（70.6/100）$^{1/3}$-16=87.29

$\qquad a_2^*$ =500×[（62.46/98.07）$^{1/3}$-（70.6/100）$^{1/3}$ ] =-15.02

$\qquad b_2^*$ =200×[（70.6/100）$^{1/3}$-（11.43/118.22）$^{1/3}$ ] =86.3

颜色 3：$L_3^*$ =116×（67.95/100）$^{1/3}$-16=85.98

$\qquad a_3^*$ =500×[（61/98.07）$^{1/3}$-（67.95/100）$^{1/3}$ ] =-12.76

$\qquad b_3^*$ =200×[（67.95/100）$^{1/3}$-（8.4/118.22）$^{1/3}$ ] =92.99

以颜色 1 为标准色，利用色差公式分别计算出颜色 2 和颜色 3 与颜色 1 的色差，见表 2-3。

表 2-3　色差计算结果

| 颜色样品 | $\Delta L^*$ | $\Delta a^*$ | $\Delta b^*$ | $\Delta E_{ab}^*$ |
|---|---|---|---|---|
| 颜色 2 与颜色 1 | -0.663 8 | 1.328 7 | 7.605 3 | 7.749 0 |
| 颜色 3 与颜色 1 | -1.972 7 | 3.592 0 | 14.305 5 | 14.880 9 |

在印刷颜色复制中，色差通常以绝对值 1 作为一个单位，称为"NBS 色差单位"。NBS 的色差单位与人眼的颜色感觉差别的关系可用表 2-4 来描述。在国家颁布的装潢印刷品国家标准中，规定一般印刷品的同批同色色差应小于等于 5 ~ 6，精细印刷品的同批同色色差应小于等于 4 ~ 5。

表 2-4　色差单位与颜色感觉差别的关系

| NBS 单位色差值 | 视觉颜色差异程度 |
| --- | --- |
| 0.0 ~ 0.50 | （微小色差）感觉极微（trave） |
| 0.5 ~ 1.51 | （小色差）感觉轻微（slight） |
| 1.5 ~ 3 | （较小色差）感觉明显（noticeable） |
| 3 ~ 6 | （较大色差）感觉很明显（appreciable） |
| 6 以上 | （大色差）感觉强烈（much） |

### 3. CIE 1976 $L*u*v*$ 均匀颜色空间

CIE 1976 $L*u*v*$ 均匀颜色空间实际上是对 CIE 1931 和 CIE 1964 均匀颜色空间进行修改而得到的。重点是用数学方法对 $Y$ 值进行非线性变换，使明度标尺与代表视觉等间隔的孟塞尔系统明度等级一致。然后，将转换后的 $Y$ 值（即明度指数）与 $u$、$v$ 色度图结合而扩展成为三维均匀颜色空间，其均匀颜色空间坐标及色差计算公式定义如下：

$$L*=116（Y/Y_0）1/3-16 \quad 当 Y/Y_0 > 0.008\ 856$$
$$L*=903.3（Y/Y_0）\quad 当 Y/Y_0 \leqslant 0.008\ 856$$
$$U*=13L*（u'-u_0'）$$
$$V*=13L*（v'-v_0'）\tag{2-19}$$

其中

$$u' = \frac{4x}{-2x+12y+3} = \frac{4X}{X+15Y+3Z}$$

$$v' = \frac{9y}{-2x+12y+3} = \frac{9Y}{X+15Y+3Z} \tag{2-20}$$

$$u_0' = \frac{4x_0}{-2x_0+12y_0+3} = \frac{4X_0}{X_0+15Y_0+3Z_0}$$

$$v_0' = \frac{9y}{-2x_0+12y_0+3} = \frac{9Y_0}{X_0+15Y_0+3Z_0} \tag{2-21}$$

式中，$L*$ 表示明度指数；$u'$、$v'$ 表示色度指数；$x$、$y$ 表示 CIE 1931 系统的色度坐标；$u_0'$、$v_0'$、$x_0$、$y_0$ 表示光源的色度坐标；$X$、$Y$、$Z$ 表示样品色的三刺激值；$X_0$、$Y_0$、$Z_0$ 表示光源的三刺激值。

由于 CIE 1976 $L*u*v*$ 均匀颜色空间的色度坐标是通过对 CIE 1931 $XYZ$ 色度坐标进行线性变换得到的，因此，色度图仍然保持了马蹄形的光谱轨迹，如图 2-51 所示。

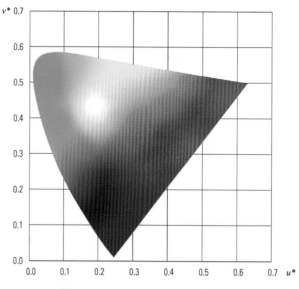

**图 2-51　CIE 1976 $L^*u^*v^*$ 色度图**

与 CIE 1976 $L^*a^*b^*$ 颜色空间一样，在 CIE 1976 $L^*u^*v^*$ 颜色空间也定义了心理彩度 $C_{uv}^*$ 和心理色相角 $h_{uv}^*$，其计算方法如下：

$$C_{uv}^* = \left[ (u^*)2 + (v^*)2 \right]^{1/2}$$

$$h_{uv}^* = 180/\pi\ \tan^{-1}(v^*/u^*) \tag{2-22}$$

若两个颜色样品按 $L^*$，$u^*$，$v^*$ 标定颜色，则两个颜色之间的色差可用下面的公式表示：

明度差：$\Delta L^* = L_1^* - L_2^*$；

色度差：$\Delta u^* = u_1^* - u_2^*$，$\Delta v^* = v_1^* - v_2^*$；

总色差：$\Delta E_{ab}^* = \sqrt{(\Delta L^*)^2 + (\Delta u^*)^2 + (\Delta v^*)^2}$；

彩度差：$C_{uv}^* = C_{uv,1}^* - C_{uv,2}^*$；

色相角差：$\Delta h_{uv}^* = h_{uv,1}^* - h_{uv,2}^*$；

色相差：$\Delta H_{uv}^* = \sqrt{(\Delta E_{uv}^*)^2 - (\Delta L_{uv}^*)^2 - (\Delta C_{uv}^*)^2}$。

上面各项计算出现正负值时，其含义与 CIE 1976 $L^*a^*b^*$ 的公式相同。

与 CIE 1976 $L^*a^*b^*$ 颜色空间相同，CIE 1976 $L^*u^*v^*$ 颜色空间也是视觉上近似均匀的颜色空间，大量的均匀性测试结果表明，其均匀性与 CIE 1976 $L^*a^*b^*$ 颜色空间基本相同，都符合国际标准。一直以来 CIE 对其推荐的这两个颜色空间的应用领域都没有加以规定。在实际使用中，使用者往往根据各自学科和行业的经验和习惯来决定到底使用哪一个颜色空间。由于染料、颜料及油墨等颜色工业部门最先选用了 CIE 1976 $L^*a^*b^*$ 颜色空间，以及美国印刷技术协会（TAGA）1976 年的论文集上发表的"研究印刷色彩新方法"文章，也赞成采用 CIE 1976 $L^*a^*b^*$ 颜色空间，作为印刷颜色匹配与评价的色空间。后面几十年，印刷工业许多重要论文和资料大多都采用了 CIE 1976 $L^*a^*b^*$ 颜色空间，因此，在印刷行业已经逐渐习惯采用 CIE 1976 $L^*a^*b^*$ 颜色空间来进行计算色差及颜色转换。

**学以致用：**在某一个印刷活件生产中，质检员在检测印刷样品与原稿颜色的色差时，测得印刷样品与原稿颜色的差别为：$\Delta L^*=4$，$\Delta a^*=2$，$\Delta b^*=4$，请分析该印刷品是否符合国家精细印刷品质量标准，如果不符合标准，应如何调整？

知识点测试：均匀颜色
空间与色差公式

　　灰度模式主要应用于黑白数字图像的处理。它的优点是，任何一种色彩模式都可以转换为灰度
模式，灰度模式也可以转换为任何一种其他的色彩模式。但要注意的是，将一副彩色图像的色彩模式转换为灰度模式后，虽然灰度模式可以转换为彩色模式，但灰度模式的图像转换为彩色模式后，图像颜色仍然是黑白的，如图 2-56 所示，图像中的颜色不能恢复到原来的颜色。因此，当需要将彩色图像转换为灰度模式时，最好先做一个备份。

图像由RGB色彩模式转换为灰度模式

图像由灰度模式转换为RGB色彩模式

**图 2-56　灰度模式与 RGB 色彩模式的转换**

### 4.位图模式

　　位图模式又称为黑白模式，该色彩模式描述的图像只有黑、白两种颜色。在计算机中描述时，只需要 1 位，1 表示黑色，0 表示白色。位图模式常用于黑白线条稿，表现在印刷中，就是单色印刷，而且只有 100% 和 0% 两种网点覆盖率，100% 表示黑色，0% 表示白色。

　　位图模式对于数字图像的输出有非常重要的意义。输出设备如计算机、直接制版机、印刷机等都只有曝光和不曝光或着墨和不着墨两种情况，它们都是通过细小的网点来表现图像的灰度等级的，采用位图模式可以很好地描述这些输出信息，并且可以更好地设定网点的大小、形状以及网点角度。

　　RGB 色彩模式、CMYK 色彩模式和 Lab 色彩模式均不能直接转换为位图模式，这些彩色模式要转换为位图模式，必须先转换为灰度模式，然后再由灰度模式转换为位图模式，如图 2-57 所示。一旦转换后就无法恢复到原来的彩色图像效果，所以，在转换前需要做好图像的备份。

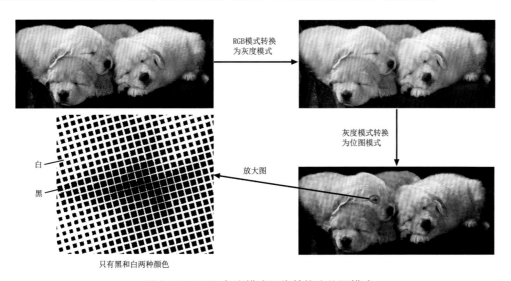

RGB模式转换
为灰度模式

灰度模式转换
为位图模式

放大图

白

黑

只有黑和白两种颜色

**图 2-57　RGB 色彩模式图像转换为位图模式**

知识点测试：其他色彩
模式

**学以致用**：灰度模式有101级颜色变化，位图模式只有2级颜色变化，但很多时候当人们将一幅数字图像由灰度模式转换为位图模式时，并没有感觉到图像颜色发生很大的变化，为什么？

## ◉ 任务实施及评价 ⋯⋯⋯⋯⋯⋯⋯⋯⋯⋯⋯⋯⋯⋯⋯⋯⋯⋯⋯⋯⋯⋯⋯⋯⋯⋯⋯⋯⋯⋯⋯ ◉

任务实施

任务评价

## ◉ 拓展训练 ⋯⋯⋯⋯⋯⋯⋯⋯⋯⋯⋯⋯⋯⋯⋯⋯⋯⋯⋯⋯⋯⋯⋯⋯⋯⋯⋯⋯⋯⋯⋯⋯⋯⋯⋯⋯⋯ ◉

　　选择一幅数字图像，将该图像按 RGB 色彩模式 → Lab 色彩模式 → CMYK 色彩模式 → 灰度模式 → 位图模式的顺序转换为位图模式，然后再从位图模式依次逆转换回到 RGB 色彩模式，分析每一次色彩模式转换过程中图像颜色的变化。

## 任务四　印刷过程颜色描述

## ◉ 任务描述 ⋯⋯⋯⋯⋯⋯⋯⋯⋯⋯⋯⋯⋯⋯⋯⋯⋯⋯⋯⋯⋯⋯⋯⋯⋯⋯⋯⋯⋯⋯⋯⋯⋯⋯⋯⋯⋯ ◉

　　印刷色谱能为印刷从业人员在设计、制版、打样、调墨和印刷等工艺环节中提供参考和依据。为了更准确地复制图像颜色，印刷企业一般都采用自己印制的印刷色谱。请设计一套四色印刷色谱，其中，黄、品红、青三色分为0%、10%、20%、30%、40%、50%、60%、70%、80%、90%、100% 11个等级，黑色分为10%、20%、30%、40%、50%、60%、70%、80%、90%、100% 10个等级。色谱要求自行设计封面，用光泽度高的纸张进行彩色数码印刷并装订成册。

## ◉ 知识链接 ⋯⋯⋯⋯⋯⋯⋯⋯⋯⋯⋯⋯⋯⋯⋯⋯⋯⋯⋯⋯⋯⋯⋯⋯⋯⋯⋯⋯⋯⋯⋯⋯⋯⋯⋯⋯⋯ ◉

### 知识点1　光学密度

　　印刷过程是通过黄、品红、青、黑四色油墨将印版上的颜色信息再现在承印物上的。计算机所描述的数字图像的颜色信息在印刷过程中必须转换为复制该颜色所需要的黄、品红、青、黑四种油墨的墨量数据。为了便于在印刷过程中准确地复制和控制颜色，人们常用光学密度和网点百分比两个参数来描述颜色。光学密度用来描述印刷在纸张上油墨的厚度；网点百分比则用来描述复制某一颜色在单位面积内四色油墨各自所占的面积比例。

　　自然界中物体的颜色都是由于物体对入射光进行吸收后，反射或透射的光作用于人眼引起的。

物体吸收的入射光越多，作用于人眼的光就越少，物体的颜色感觉就越暗；反之，物体吸收的入射光越少，作用于人眼的光就越多，物体的颜色感觉就越明亮。为了描述颜色的深浅，人们引入了光学密度这个概念。在印刷复制过程中，光学密度是油墨、纸张和感光胶片等材料吸收光的量度，它是指反射率或透射率的倒数以 10 为底的对数，通常用 D 表示。根据物体是透明体还是非透明体可以将光学密度分为透射密度和反射密度。

对于印刷品和反射原稿来说，它们颜色的深浅通常用反射密度来表示。当光线照射到印刷品上时，光的一部分被吸收，另一部分则被反射。若以 $\phi0$ 表示入射光通量，用 $\phi R$ 表示反射光通量，则印刷品的反射率为 $\rho=\phi R/\phi0$，印刷品的密度为 $D\rho=lg1/\rho$。表 2-5 为反射率与密度的关系。

**表 2-5　反射率与密度的关系**

| 反射率 | 反射率倒数 | 密度 |
| --- | --- | --- |
| 100% | 1 | 0 |
| 10% | 10 | 1 |
| 1% | 100 | 2 |
| 0.1% | 1 000 | 3 |
| 0.01% | 10 000 | 4 |

当光线作用于印刷品上时，印刷品上墨层比较厚、颜色比较深的地方，吸收的光就多，反射的光就越少，因此密度大；墨层薄、颜色浅的地方，吸收的光少，反射的光就多，反射光密度就小，如图 2-58 所示。因此，密度值可以用来描述颜色的深浅，密度值越大，颜色越深，密度值越小，颜色越浅。那么表示光学密度为什么用对数呢？这是因为在印刷过程中，光学密度是用来描述墨层厚度的，采用对数，可以使光学密度与墨层厚度之间呈现线性关系，也可以使光学密度与人眼对颜色的亮度差别的视觉感受更好的保持一致。

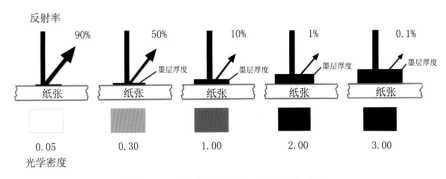

**图 2-58　不同墨层厚度的反射率和密度**

对于印刷过程中用到的感光胶片、正片、负片、彩色反转片等物体，可以用透射密度来表示它们颜色的深浅。当光线投射到感光胶片上，由于感光胶片上银微粒对光线的吸收和阻挡，光线只能透过一部分，若以 $\phi0$ 表示入射光通量，$\phi T$ 表示透过光通量，则感光胶片的透射率为 $\tau=\phi T/\phi0$。人们将透射率的倒数 $1/\tau$ 称为阻光率，而阻光率以 10 为底的对数，就为透射密度，以 $D\tau$ 表示，即 $D\tau=lg1/\tau$。

与反射密度相同，用透射密度表示透明体颜色的深浅时，透射密度越大，颜色越深，反之，则颜色越浅。

**学以致用：**如果两个颜色的密度值相等，那么这两个颜色在视觉上的效果是相同的吗？密度表示颜色与三刺激值表示颜色有何区别？

知识点测试：光学密度

### 知识点 2　网点百分比

在印刷过程中，网点百分比是用来表示颜色的一种重要方法，它可以表示颜色的浓淡与明亮变化。如图 2-59 所示，青色网点百分比越高，颜色饱和度越高，亮度越低。印前处理完的图像在进行印刷输出前，图像中的每个颜色都必须转换为用黄、品红、青、黑四色网点百分比来表示，在印刷过程中网点百分比再现了这一颜色所需的黄、品红、青、黑四色各自的墨量。

为了便于查询复制某一颜色时所需的黄、品红、青、黑四色各自的网点百分比，人们将黄、品红、青、黑四色油墨以不同的网点百分比组合印成色样，并按一定的顺序排列起来，制作成色谱，为印刷作业人员在原稿设计、分色制版、打样、调墨和印刷等各个工序中提供参考和依据。印刷过程中常用的色谱主要有四色印刷色谱和专色色谱两种。

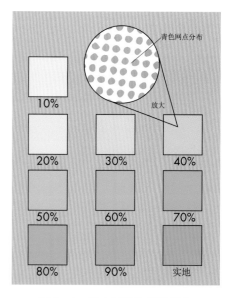

**图 2-59　网点百分比描述颜色**

#### 1. 四色印刷色谱

四色印刷色谱是一种以印刷色样来表示和规范颜色的方法，即用黄、品红、青和黑四种油墨以不同网点百分比叠印出一定大小的色块，并按某种规律和顺序将这些色块进行排列组合，构成一本颜色图册，以供人们在原稿设计、颜色复制和油墨调配等方面查用。

四色印刷色谱一般由三色叠印部分和四色叠印部分组成。

三色叠印部分用黄、品红、青三色油墨叠合出来，每个原色油墨网点百分比分成 11 个等级（0%、10%、20%、30%、40%、50%、60%、70%、80%、90%、100%）。在一页色谱上，以品红、青油墨分别作为横向和纵向的变化，将黄色油墨的每个等级依次套印在每页色谱上的各个色块上，最终形成由三原色组成的印刷色谱，如图 2-60 所示，这样可得到 11×11×11=1 331 种不同颜色的色块。三色色谱中实际上包含三原色 11 级网点百分比的原色及三原色两两叠印出来的间色。例如，当黄色油墨网点百分比为 0% 时，这一页色谱上的颜色就是品红色油墨和青色油墨的双叠色，该页色谱上的第一行实际上是不同网点百分比的青色，而第一列是不同网点百分比的品红色。

| | Y = 40%　　　K = 0% | | | | | | | | | | |
|---|---|---|---|---|---|---|---|---|---|---|---|
| M \ C | 0%(1) | 10%(2) | 20%(3) | 30%(4) | 40%(5) | 50%(6) | 60%(7) | 70%(8) | 80%(9) | 90%(10) | 100%(11) |
| 0%(1) | | | | | | | | | | | |
| 10%(2) | | | | | | | | | | | |
| 20%(3) | | | | | | | | | | | |
| 30%(4) | | | | | | | | | | | |
| 40%(5) | | | | | | | | | | | |
| 50%(6) | | | | | | | | | | | |
| 60%(7) | | | | | | | | | | | |
| 70%(8) | | | | | | | | | | | |
| 80%(9) | | | | | | | | | | | |
| 90%(10) | | | | | | | | | | | |
| 100%(11) | | | | | | | | | | | |

**图 2-60　三色叠印**

四色叠印部分是在三色色谱的基础上，再叠印上 10 个等级（10%、20%、30%、40%、50%、60%、70%、80%、90%、100%）的黑色油墨，形成 1331×10=13 310 种不同的颜色，如图 2-61 所示。这样四色印刷色谱共有 13 310+1 331=14 641 种颜色。四色叠印部分实际上也包含黑色与黄、品红、青三原色之间的双叠色，例如当黄色等级为 0%，青色等级也为 0% 时，就是品红色和黑色的双叠色。同样，四色叠印部分也包含黑色与三原色中的任意两种颜色组成的三叠色。当然四色叠印部分也包括黑色与三原色一起叠印的四叠色。

Y = 10%　K = 10%

| C＼M | 0%(1) | 10%(2) | 20%(3) | 30%(4) | 40%(5) | 50%(6) | 60%(7) | 70%(8) | 80%(9) | 90%(10) | 100%(11) |
|---|---|---|---|---|---|---|---|---|---|---|---|
| 0%(1) | | | | | | | | | | | |
| 10%(2) | | | | | | | | | | | |
| 20%(3) | | | | | | | | | | | |
| 30%(4) | | | | | | | | | | | |
| 40%(5) | | | | | | | | | | | |
| 50%(6) | | | | | | | | | | | |
| 60%(7) | | | | | | | | | | | |
| 70%(8) | | | | | | | | | | | |
| 80%(9) | | | | | | | | | | | |
| 90%(10) | | | | | | | | | | | |
| 100%(11) | | | | | | | | | | | |

**图 2-61　四色叠印**

有些色谱的四色叠印部分将黄、品红、青三原色分为 0%、10%、30%、40%、50%、60%、80%、100% 八个等级，黑色分为 20%、40%、60% 三个等级，共叠印出 8×8×8×3=1 536 种不同颜色色块。再加上三色叠印部分，四色印刷色谱共有 1 536+1 331=2 867 种颜色。

需要注意的是，印刷色谱的制作有很多的可变因素，从理论上讲，印刷色谱只能用于纸张、油墨、制版工艺、印刷工艺条件完全一样的复制过程，因此，印刷色谱最好由各印刷企业在自身的具体条件下印刷制作。当印刷企业使用的纸张、油墨等材料有变化，或工艺控制参数不同时，需要及时更新印刷色谱，以保证印刷色谱的参考价值。

### 2. 专色色谱

印刷中的专色是在印刷前已经混合好了的颜色，印刷时只需一个专色版进行单色印刷，不需要多种油墨的叠印，在现代包装印刷中有广泛的应用。专色一般与印刷常用的黄、品红、青、黑没有直接的关系，而且很多专色甚至都不能用四色油墨混合出来，如包装印刷中常用的金色、银色。

目前国际上普遍采用的专色色谱是美国 PANTONE（潘通）公司配色系统生产的潘通色卡。常用的潘通色卡有印刷系列和纺织系列两大系列。其中，印刷系列又分为 CU 色卡、金属色卡、CMYK 色卡等多个系列，比较常用的是 CU 色卡和 CMYK 色卡。潘通 CU 色卡使用了 14 种标准的基本色，通过潘通配色系统配制出了超过上千种专色，最新版的潘通 CU 色卡包含 1 755 种专色，分为涂料纸和非涂料纸两种，如图 2-62 所示，在色卡中每个颜色的组成成分都用一个标号标定，并给出了专色的配方。

潘通 CMYK 色卡包含铜版纸和胶版纸两种，色卡中包含 2 868 种印刷色彩，使用通过 ISO 认证的环保型黄、品红、青和黑四种油墨印制，每个色块都提供了四色油墨的网点百分比，以实现准确的印刷颜色复制，如图 2-63 所示。

**学以致用：**在参考印刷色谱调配专色油墨时，调墨人员从印刷色谱上找到了与专色油墨颜色一样的颜色块，该颜色块是由 40% 的青色网点和 60% 的黄色网点混合出来的，请计算匹配该专色墨所需要的原色油墨和白色油墨的比例。

知识点测试：网点百分比

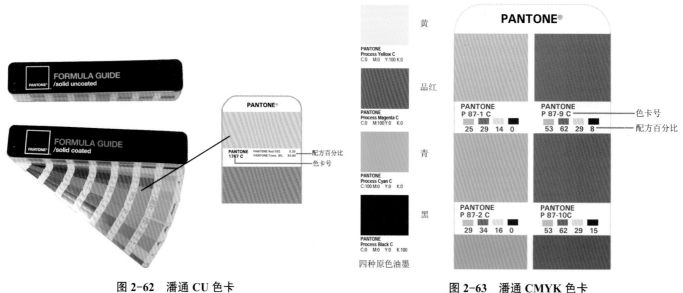

图 2-62　潘通 CU 色卡

图 2-63　潘通 CMYK 色卡

## ◉ 任务实施及评价

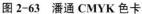

任务实施

任务评价

## ◉ 拓展训练

　　请利用潘通 CMYK 色卡确定调配出图 2-64 中各颜色所需 C、M、Y、K 四种油墨的配方，并写出这些颜色的潘通色卡编号。

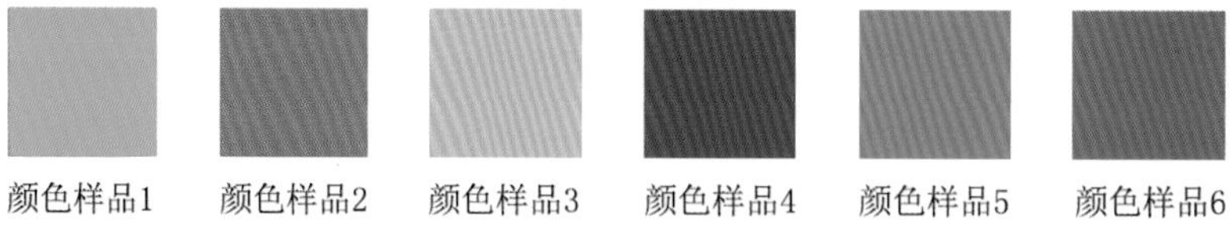

颜色样品1　颜色样品2　颜色样品3　颜色样品4　颜色样品5　颜色样品6

图 2-64　颜色样品

# 模块三 | 颜色搭配

## 知识目标

1. 掌握颜色对比的分类和设计方法；
2. 掌握颜色调和的分类和设计方法；
3. 了解各种颜色的心理感受和性格；
4. 掌握常见的配色设计方法。

## 能力目标

1. 能利用颜色对比和颜色调和进行印前配色设计；
2. 能够对特定的产品的包装设计进行色彩搭配；
3. 能够对特定主题的书籍、海报进行配色设计。

## 素养目标

1. 培养客观理性的思维特质：拓展知识边界，清晰地认知色彩世界，将色彩认识从经验层面上升到客观真理层面；
2. 培养美学素养：认识色彩搭配原理和方法在印前设计中可以发挥"以美增韵，以美为媒，以美担当"的重要作用；
3. 增强民族自信：体会美轮美奂的中国传统配色承载着中国上下五千年博大精深的文化与历史。

## 任务一 颜色的视觉表现

### ⊙ 任务描述 ·····································································⊙

同样的一个场景,在不同的季节、在同一天的不同时刻,色彩的明度和饱和度也是不同的。运用颜色的视觉表现对图 3-1 风景线稿图进行配色设计。

图 3-1 风景线稿图
矢量图

图 3-1 风景线稿图

### ⊙ 知识链接 ·····································································⊙

#### 知识点 1 颜色的对比

从客观上来讲,自然界中的单个颜色本身并没有美或丑之分,只有当两种或两种以上颜色组合在一起时,才会出现好的或不好的搭配效果。因此,颜色搭配的美感是建立在颜色关系上的一种感觉,颜色搭配的好与坏,主要取决于将什么颜色放在一起,它们的关系是否被处理得"恰到好处"。

人们要想在日常生活和工作中熟练运用颜色搭配设计出好的作品,就必须掌握颜色搭配的基本原理,然后有针对性地进行颜色搭配训练,在印前设计中"恰到好处"地运用颜色。

人们在对颜色的感知过程中,会与过去的经验、记忆和知识相联系,引起情感性的思维,从而产生冷暖、轻重、软硬、华丽与朴素、冷静与兴奋、欢快与忧郁等不同的感受。在印前设计中,人们应当了解和掌握颜色的视觉表现,充分发挥颜色的作用,设计出令客户满意的作品。

在实际生活中,颜色并不是孤立存在的,每一种颜色都会与其他颜色共同处于某一特定环境中,当两种或两种以上颜色放置在一起时,就会产生颜色对比。当两种以上的颜色,存在明显的差别时,就会存在对比关系;不同色相、饱和度、明度的颜色会产生颜色对比;当两种有差别的颜色的面积、形状和位置不同时,也会产生颜色对比。在印前设计中,可以通过颜色的对比,产生活跃的颜色关系,营造丰富的视觉效果。

### 1. 色相对比

两种以上色彩组合后，由于色相差别而形成的色彩对比效果称为色相对比。它是色彩对比的一个根本方面，其对比强弱程度取决于色相之间在色相环（图3-2）上的距离（角度），距离（角度）越小对比越弱，反之则对比越强。

（1）邻近色相对比。色相环上相邻的二至三色对比，色相距离大约30°，为弱对比类型，如橙色与黄橙色对比、红色与品红色对比，如图3-3所示。对比效果柔和、和谐、雅致、文静，但也显得单调、模糊、乏味、无力，因此，需要调节明度差来加强效果。

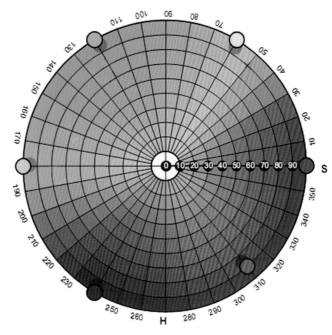

图 3-2　色相环

（2）类似色相对比。对比色相距离约60°，为较弱对比类型，如绿色与黄色对比、青色与蓝紫色对比，如图3-4所示。对比效果较丰富、活泼，但又不失统一、雅致、和谐的感觉。

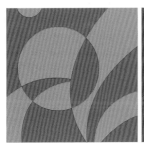 　　　　

图 3-3　邻近色相对比　　　　　图 3-4　类似色相对比

（3）中度色相对比。对比色相距离约90°，为中对比类型，如黄色与青绿色对比、青色与品红色对比，如图3-5所示。对比效果明快、活泼、饱满，使人兴奋，感觉有兴趣，对比既有力度，但又不失调和之感。

（4）强色相对比。对比色相距离约120°，为强对比类型，如黄色与青色对比、蓝青色与品红色对比，如图3-6所示。对比效果强烈、醒目、有力、活泼、丰富，但因不易统一而产生杂乱的感觉，且容易造成视觉疲劳，一般需要采用多种调和手段来改善对比效果。

图 3-5　中度色相对比　　　　　图 3-6　强色相对比

（5）补色相对比。对比色相距离约180°，为极端对比类型，如红色与青色、品红色与绿色对比等，如图3-7所示。对比效果强烈、炫目、响亮，但若处理不当，易产生幼稚 、原始、粗俗、不安定、不协调等不良的感觉。

### 2. 明度对比

明度对比是指两个以上的颜色因明度差异而形成的对比。明度对比关系是决定颜色感觉明快、清晰、柔和，还是沉闷、强烈、朦胧的关键。依据孟塞尔颜色立体的九级明度标尺，可以将颜色的明度分为三个色阶，其中7、8、9级明度为高明度色阶，4、5、6级明度为中明度色阶，1、2、3级明度为低明度色阶。

当画面的颜色明度差在三级以内时，明度对比比较弱，画面给人以柔和、模糊、光感弱、节奏感弱的感觉，但显得平稳、高雅；当画面的颜色明度差在五级以内时，明度对比适中，画面给人以稳重、适中、平均、中庸的感觉；当画面的颜色明度差在五级以上时，明度对比强烈，画面给人以鲜明、清晰的感觉，如图3-8所示。

图 3-7　补色相对比　　　　　　　图 3-8　不同程度的明度对比

颜色的明度对比，可以是相同色相的明度对比，如图3-9所示，也可以是不同色相的明度对比，如图3-10所示。明度对比直接决定了图像的辨识度，图像明度对比越强，则图像的辨识度越高，图像越清晰；反之，明度对比越低，图像就越模糊。在图3-10中，左、中、右三个图像都是由三种色相的颜色构成的，但由于上面的图像三种色相的明度差别比较大，所以上面的图像显得清晰度高。

### 3. 饱和度对比

饱和度对比是指两个以上的颜色因饱和度的差别而形成的颜色对比。颜色的饱和度可以分为低饱和度、中饱和度和高饱和度三个层次。接近灰色的颜色为低饱和度颜色，纯色和接近纯色的颜色为高饱和度颜色，两者之间为中饱和度颜色。三个层次的颜色相互组合，可以形成高彩对比、中彩对比、低彩对比和鲜灰对比等多种对比效果，如图3-11所示。

高彩对比是指在同一画面中主体色和陪衬、点缀的颜色均为高饱和度的颜色。整个画面颜色鲜艳，饱和度高，具有强烈、华丽、鲜明、个性化的特点，如图3-12所示，但画面看久以后容易引起视觉疲劳。

中彩对比是指在同一画面中主体色和陪衬、点缀的颜色均为中饱和度的颜色。画面色调温和柔软、典雅含蓄，具有亲和力，表现出稳重、浑厚的视觉效果。

　　低彩对比是指在同一画面中主体色和陪衬、点缀的颜色均为低饱和度的颜色。整个画面的色调含蓄、朦胧、暧昧、淡雅、忧郁，具有神秘感。

　　鲜灰对比是指画面中主体色为高饱和度的颜色，其他颜色为接近无彩色的低饱和度颜色。通过接近于灰色的颜色与鲜艳的纯色相互映衬，营造出生动活泼的视觉效果。

图 3-9　同色相的明度对比　　　　　　图 3-10　不同色相的明度对比

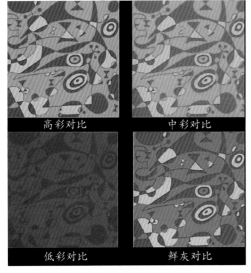

图 3-11　饱和度对比

图 3-12　高彩对比效果

## 4. 面积对比

　　面积对比是指在同一画面中各种颜色所占据的量的比例关系。颜色的面积对比与颜色本身的属性并没有直接的关系，但对画面表现出来的视觉效果影响非常大。例如，将相同面积大小的绿色与红色并置在一起时，其实并不好看，也称不上有什么美感，但当调整两种颜色的面积比例后，如在大片的绿色背景中放进一点红色，便变成了万绿丛中一点红，如图 3-13 所示。

**图 3-13　面积对比**

在面积对比中，当两种颜色面积相等时，颜色对比强烈，随着一种颜色的面积增大，另一种颜色的力量就会减弱，当一种颜色面积扩大到足以控制整个画面的色调时，另一种颜色就成为这一色调的点缀。颜色的面积对比在协调画面色相、明度和饱和度关系上起到非常有效的作用。例如，选红、黄、黑、蓝四种颜色，使它们在四个画面中分别以不同的面积比分布，如图 3-14 所示。在图 3-14（a）中，四种颜色所占面积为：蓝 70%、红 20%、黄 7%、黑 3%，由于蓝色面积占绝对优势，所以构成以蓝色为主的色调；在图 3-14（b）中，各色所占面积为：黄 70%、蓝 20%、红 7%、黑 3%，由于黄色面积占绝对优势，所以构成以黄色为主的色调。同理，图 3-14（c）构成以红色为主的色调，图 3-14（d）构成以黑色为主的色调。

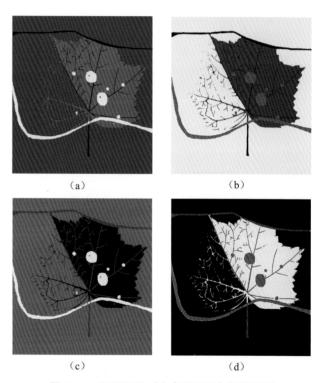

（a）　　　　　　　（b）

（c）　　　　　　　（d）

**图 3-14　不同面积对比表现不同色调的画面**

根据颜色面积对比规律，如果画面以高明度颜色面积占绝对优势可构成高明度色调，以中明度颜色面积占绝对优势可构成中明度色调，以低明度颜色面积占绝对优势可构成低明度色调。而以高饱和度颜色面积占绝对优势可构成高饱和度色调，以中饱和度颜色面积占绝对优势可构成中饱和度色调，以低饱和度颜色面积占绝对优势可构成低饱和度色调。由此可以看出，画面色调的倾向很大程度受控于各色在画面中所占面积的大小。

**学以致用**：56 个民族经过历史文化的沉淀，每个民族都各有特色，民族服饰更成为其最大的魅力所在，找出三种色彩对比强烈的民族服饰，并分析其配色特点。

知识点测试：颜色
的对比

## 知识点 2　颜色的调和

　　颜色的对比强调的是颜色的色相、饱和度、明度和面积等方面的差异性。颜色之间的这些差异性可以表现出不同的颜色对比关系，当对比过于强烈时，会使人的视觉及心理产生视觉疲劳、精神紧张、烦躁不安等不愉悦的感受；而过分暧昧的颜色搭配，由于颜色过于接近，形象模糊，也会使人产生无聊乏味、不满足以及视觉疲劳的感觉。因此，需要掌握颜色调和的方法来调整颜色之间的关系，使杂乱无章的颜色组合变得和谐统一，从而构成一种和谐的美。

　　颜色的调和是指两个或两个以上的颜色有序、和谐地组织在一起构成一幅画面，使人们产生愉快、舒适的感觉。颜色的调和是就颜色的对比而言的，没有颜色对比就无所谓颜色的调和，两者既相互排斥又互相依存，相辅相成、相得益彰。因此，从美学的角度讲，颜色的调和是各种颜色的搭配在统一与变化中表现出来的和谐。颜色的调和通常有类似调和和对比调和两种情况。

### 1. 类似调和

　　类似调和主要强调颜色要素中的一致性关系，追求颜色关系的统一感。类似调和包括同一调和和近似调和两种形式。

　　（1）同一调和。当两种以上的颜色因差别大、对比强烈导致画面显得非常刺激，造成不协调的心理感受时，可以将一种颜色混入各色中增加各色的共性，改变颜色的色相、明度或饱和度，使画面中对比强烈的各种颜色逐渐缓和，增加的一致性因素越多调和感就越强。在颜色搭配过程中，如果保持颜色三属性中的一种属性不变，变化其他的要素，这种调和方法称为同一调和。

　　同一调和又分为同一色相调和、同一饱和度调和、同一明度调和和无彩色调和四种情况。同一色相调和是指统一画面中颜色的色相，而变化颜色的饱和度和明度，如图 3-15 所示。同一饱和度调和是指统一画面中的饱和度，而变化颜色的色相和明度，如图 3-16 所示。同一明度调和是指统一画面中的明度，而变化颜色的色相和饱和度，如图 3-17 所示。无彩色调和是指采用同为非彩色的黑色、白色、灰色进行组合的调和方法。无彩色调和是比较容易取得调和效果的颜色搭配，因为黑色、白色、灰色都是中性色，具有稳定、谦和、与世无争等特点，如图 3-18 所示。

图 3-15　同一色相调和

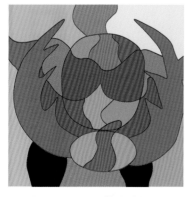

图 3-16　同一饱和度调和

图 3-17　同一明度调和

图 3-18　无彩色调和

（2）近似调和。在颜色的三属性中，有某种属性近似，而变化其他的两个属性，这种调和方式称为近似调和。近似调和比同一调和的颜色关系有更多的变化因素。与同一调和相似，近似调和也分为近似色相调和、近似饱和度调和和近似明度调和三种情况。

近似色相调和是将画面中颜色的色相调整在近似的范围内，通过变化颜色的饱和度和明度来实现调和的效果，如图 3-19 所示。

近似饱和度调和是将画面中颜色的饱和度调整在近似的范围内，通过变化颜色的色相和明度来实现调和的效果，如图 3-20 所示。

近似明度调和是将画面中颜色的明度调整在近似的范围内，通过变化颜色的色相和饱和度来实现调和的效果，如图 3-21 所示。

图 3-19　近似色相调和　　　图 3-20　近似饱和度调和　　　图 3-21　近似明度调和

## 2. 对比调和

对比调和是利用对比色之间的强对比关系来产生作用。在对比调和中，画面中颜色可能在色相、明度和饱和度三个方面都处于对比状态，因此，画面颜色更加活泼、生动。对比调和是强调变化而组合的和谐色彩，它不依赖颜色三属性之一的一致，而是依靠某种秩序组合来达到既变化又统一的和谐美。对比调和存在以下几种方式：

（1）渐变调和。渐变调和是指在对比非常强的颜色中加入相应的渐变，以使颜色对比变得柔和，增加的渐变既可以是色相的自然推进，也可以是饱和度的逐渐增强或减弱，还可以是明度的协调变化，如图 3-22 所示。

（2）混入同色调和。在颜色搭配中，将存在强烈对比的颜色中混入同一种颜色，使对比的颜色都同时具有相同的色素，从而达到调和的目的。混入同一种颜色可以是黑色、白色、灰色或者同一种彩色，如图 3-23 所示。例如，在图 3-24 左边图像中的红色和蓝色中加入黄色，就变成了右边橙黄色和绿色的色调组合，使颜色对比变得柔和一些。

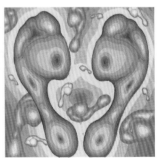
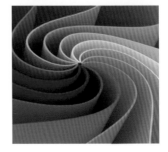

明度渐变调和　饱和度渐变调和

色相渐变调和

图 3-22　渐变调和

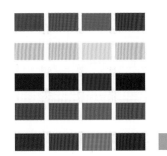

颜色组合

混入同一白色

混入同一黑色

混入同一灰色

混入同一彩色

图 3-23　混入同一颜色调和

图 3-24　混入同一彩色调和

（3）面积调和。在进行颜色搭配时，有时觉得某种颜色太跳而显得触目，或某种颜色力量不足而未发挥作用，在调整颜色之间的关系时，除改变各种颜色的色相、明度和饱和度外，合理地安排各种颜色所占据的面积也是取得和谐效果的有效手法。面积调和通过对比色之间面积的增大或缩小来调节颜色对比的强弱，使其中一种颜色面积占绝对优势，形成主次分明的颜色关系，以达到一种平衡、稳定、和谐的视觉效果。图 3-25 中两幅宣传海报就很好地运用了面积调和的方法。

（4）隔离调和。隔离调和是以"居间色"调和的方式，利用无彩色的黑色、白色、灰色或其他中性颜色如金色、银色区分不同彩色区域，以消除各色相之间的排斥感。通常在颜色的各属性过于接近的颜色之间插入一种隔离色，会使它们的关系变得更加清晰，而在颜色差别过大的一组颜色中使用隔离色可以起到调和关系的作用，如图 3-26 所示。

图 3-25　面积调和

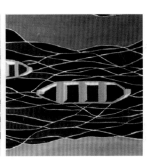

图 3-26　隔离调和

知识点测试：颜色的调和

**学以致用：**蓝色和绿色的调和搭配设计在印前设计中能够传递科技感、信任、理性等印象，如果为一个科技品牌"科轮重工"进行 Logo 设计，如何选用蓝色和绿色进行设计？

## 知识点 3　颜色的心理

大量的颜色生理、心理实验结果表明，颜色不仅能带给人们大小、轻重、冷暖、前后等物理感受，还能唤起人们各种不同的情感联想，而颜色搭配的最终目的就是传递情感，使受众心理得到感应。不同的颜色带给人们不同的心理感受，要想合理地使用颜色进行印前设计，就需要了解不同颜色的性格。

颜色本身是没有灵魂的，它只是物理现象，但人们却能感受到颜色的情感。这是因为人们长期生活在一个色彩缤纷的世界里，积累了许多颜色视觉经验，一旦经验与外来颜色刺激产生共鸣时，就会产生情感联想，从而左右人们的情绪。

（1）红色。红色是光谱上波长最长的，属于积极的、扩张的暖调区颜色，是最引人注目的色彩，具有强烈的感染力。红色容易让人联想起太阳、火焰、血液等。当红色处于高饱和状态时，象征热情、吉祥、喜庆、激情、兴奋，但也象征警觉、禁止、危险。当红色的明度或饱和度发生变化，其传递的信息也发生相应的改变，如粉红色给人以温馨、雅致、甜蜜、幸福、浪漫的感觉，紫红色则给人以稳重、庄严、诚实的感觉。红色色感刺激、强烈，在颜色搭配中常起着主色和重要的调和对比作用，是使用最多的颜色。

在我国，红色历来是传统的喜庆色彩，常用于婚礼、节日庆典时的装饰色彩，也常被用作警告、危险、禁止等安全用色。红色在国际上普遍用来作为交通信号灯。

（2）黄色。黄色是可见光谱中最亮的颜色。黄色容易让人联想起阳光、金子、柠檬等。高饱和度的黄色给人以光明、希望、高贵、辉煌、权势、嫉妒、诱惑等复杂的颜色感觉，浅黄色表示柔弱，灰黄色表示病态。黄色与红色色系的颜色搭配能产生辉煌、华丽、热烈、喜庆、美味的效果，与蓝色色系的颜色搭配能产生淡雅宁静、柔和清爽的效果。

在我国清朝，明黄色的衣服只有皇族才有资格穿，慢慢地黄色就成了高贵的颜色。在现实生活中，由于黄色明度高，通常用来作为暗色调的搭配颜色，它可以极大地点亮一个暗色的设计，达到吸引人们目光的效果（图3-27）。

图 3-27　黄色与黑色搭配效果

（3）蓝色。在可见光谱中，蓝色波长较短，属于收缩的、内向的、消极的冷色调。蓝色让人联想到深邃的宇宙、浩瀚的海洋、晴朗的天空，给人以和平、安静、纯洁、理智、博大、信仰、尊严、冷酷、真理、深邃的感觉。

我国将蓝色看作是典雅庄重的颜色，并且建立了独具华夏民族神韵的蓝色文化，如青花瓷、蓝染花布等。蓝色与红、黄等色搭配得当，能构成和谐的对比调和关系。

（4）绿色。在可见光谱中，绿色位于中央位置，明度不高。绿色是大自然中的主要颜色，除了天空、江河和海洋外，绿色占有最大的面积，象征着和平、平静、安全、青春、希望、轻松、活力、安逸、环保。

绿色的使用范围比较广泛，常用于邮政业务、军队服装、交通信号灯等领域。

（5）橙色。橙色是可见光谱中仅次于红色光波的暖调色彩。橙色容易让人联想到丰硕的果实，象征着成熟、富贵、辉煌，是代表收获的色彩，能使人产生快乐。鲜艳的橙色比红色更为温暖、华美，是所有颜色中最温暖的色彩。

橙色是非常引人注目的颜色，常作为警戒的指定色，常用于建筑安全帽、救生衣、登山服、清洁服装等领域。

（6）黑色。从光学角度上来说，黑色是没有光刺激时让人产生的一种颜色感觉。黑色是无色相、无饱和度的颜色，具有明确的独立性，可以与其他任何颜色进行搭配，具有比较好的衬托作用。黑色给人们的感觉可分为两类，在积极的方面给人以力量、永恒、刚正、深沉、庄严肃穆等感觉，在消极的方面则给人阴森、忧伤、死亡、罪恶、恐惧等感觉。

在现实生活中，黑色通常用来作为一些高科技含量的工业产品的主色调，如数码相机、音响设备、摄像机等。在服装设计中，黑色常用作男士西服的主色调，代表正式、高贵、典雅。

（7）白色。白色是光谱中所有色光相加的结果，是万色之源的颜色，具有一尘不染的视觉特征，象征着纯洁、朴素、光明、洁净、坦率、无私、空虚等。作为一种非彩色，白色与黑色一样，与所有的颜色都能构成明快的对比调和关系，所以应用非常广泛。

在西方白色是爱情的象征，寓意着新娘冰清玉洁的品质，并代表着爱情的神圣与纯洁。在我国白色常作为葬礼的用色，代表死亡、恐惧、悲哀。

（8）灰色。灰色是介于黑色与白色之间的颜色，是一种能最大程度地满足人眼对颜色明度、舒适度要求的中性色。灰色有利于人们的生理与心理调节，可以有效地调节视觉疲劳，减轻压力。灰色通常给人以谦逊、沉稳、含蓄、优雅、中庸、暧昧、消极、灰心的印象。灰色也属于非彩色，可以起到调和各种色相的作用，在印前设计中是非常重要的配色元素。

**学以致用**：研究发现，全球快餐店在商店周围会使用红色、黄色等颜色，请从颜色心理角度分析原因。

## 知识点 4　颜色情感与心理效应

颜色的心理效应是通过某种颜色组合的视觉感受使人产生一种心理的联系和共鸣。人们在感知颜色的过程中，习惯于将受到的刺激与已有的生活经验加以联系并产生联想，因而常常会产生各种心理效应，如冷暖感、空间感、膨胀感、收缩感、轻重感、软硬感等。

### 1. 颜色的冷暖感

颜色本身并没有冷暖差别，但不同颜色给人的冷暖印象却不同。颜色的冷暖是颜色视觉感受中最重要和最基本的心理效应之一；在色相环中靠近红色的邻近色感觉偏暖，这个区域称为暖色系，它们既有兴奋感又有热情感；色相环中靠近蓝色给人冰冷凉快的感觉，这个区域称为冷色系。如图 3-28 所示，左边的图像由橙色和黄色组成给人温暖的感觉，右边的图像由浅青色和蓝色组成给人凉爽的感觉。这是因为人们长期受到自然环境、社会生活和生理特点等的影响，对不同色彩会产生不同的感觉和联想。例如，红色、黄色和橙色使人联想到火，就产生温暖的感觉；黑色让人联想到煤炭，也产生温暖的感觉；白色联想到冰雪，就产生寒冷感。一般来说，人们通常把红色、橙色、黄色和黑色视为暖色；把蓝色、蓝绿色、蓝紫色和白色视为冷色；将绿色、紫色和灰色视为中性色。

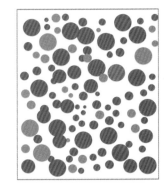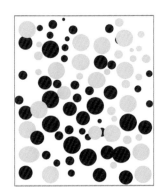

**图 3-28　颜色的冷暖错觉**

### 2. 颜色的空间感

颜色的空间感是指颜色的前进感与后退感。它是色相、明度和饱和度及面积等多种关系的对比而造成的错觉现象。同样距离的颜色，暖色看起来显得比较近，冷色看起来显得远一些。因为光谱色中不同颜色光的波长不同，红色波长长（700 nm），紫色波长短（400 nm），而眼睛的晶状体类似一个凸透镜，当不同波长的色光通过晶状体时有不同的折射率，它们通过晶状体后聚焦在不完全相同的平面上，短波的紫光焦点最近，长波的红光焦点最远，为了适应波长的不同，红色聚焦时晶状体要变厚，紫色聚焦时晶状体要变薄，橙色、黄色、绿色等其他颜色则在此厚薄之间调整，尽管眼睛的晶状体具有这种调节适应功能，但各种色光的波长差异非常微小，要达到完全适应是不可能的，所以短波长的冷色在视网膜前部成像，长波长的暖色在视网膜后方成像。这就造成在视网膜上正确聚焦成像的条件下，人们会感觉红色比实际距离近，蓝色比实际距离远，从而造成红色、橙色、黄色等暖色看起来有靠近和扩大的感觉，绿色、青色和蓝色等冷色则具有后退感和收缩感。另外，同样距离的颜色，明亮的颜色看起来显得比较近，暗色看起来显得远一些。如图 3-29 所示，白色和黄色看起来要近一些，而黑色看起来最远。

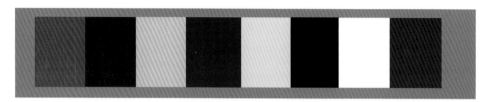

图 3-29　颜色的远近错觉

### 3. 颜色的膨胀感与收缩感

颜色的膨胀感与收缩感也是一种错觉。明度的不同是形成颜色膨胀感与收缩感的主要因素。放置于同一背景上同样大小的黑、白两个物体，人们总是感觉黑色物体面积要小些，白色物体面积要大些。此外，红色、橙色、黄色和白色一样，会使人感到与同样面积的物体相比显得大；而绿色、青色和蓝色使人感到与同样面积的物体相比看起来小一些，这就是颜色的大小错觉。造成颜色大小错觉的因素正是颜色的前进感和膨胀感，因为红色、橙色、黄色等暖色有扩散性，给人以膨胀感、前进感，而绿色、蓝色、紫色等冷色有收敛性，给人以收缩感、后退感。如图 3-30 所示，颜色不同但大小相同的两个正方块放置在红色背景上，橙色要显得大一些，蓝色显得小一些。

根据颜色的大小错觉，可以在平面设计中，通过不同的颜色搭配，实现丰富多彩的效果。比如在一幅画面内，采用明度高的浅色，空间看起来显大，而采用明度低的暗色，空间看起来则显得小。如果在设计中要保持两个颜色不同的物体大小相同，设计采用暖色系颜色或明亮颜色的物体大小时，面积要设计小些，设计采用冷色系颜色或暗色的物体大小时，则面积要设计大些。例如，法国的国旗是由红、白、蓝三色并置而成的，如果三色比例相同，由于颜色的膨胀感与收缩感，会让人感觉白色宽，蓝色窄，因此，设计者根据面积对比调和原理，将三种颜色的比例调整为红∶白∶蓝 =33∶30∶37，这样三色虽然比例不同，但在视觉上却达到了面积等大的效果。

### 4. 颜色的轻重感

由于物体表面的颜色不同，看上去会产生轻重不同的心理感受，各种颜色给人的轻重感不同。从颜色得到的轻重感，主要取决于明度，高明度的颜色让人联想到羽毛、雨雾、棉花等，给人以较轻柔的颜色感觉；而低明度的颜色让人联想到岩石、煤炭、钢材等，给人以稳重、下坠的感觉。如图 3-31 所示，两个体积、质量相等的箱子分别涂上不同的颜色，然后用目测的方法判断两个箱子的质量，结果发现，凭目测总是让人感觉涂上浅色的箱子要比深色的箱子轻。这是由于色彩的明度不同，让人产生了轻重不同的感觉，明度高的颜色显得密度小，有一种向外扩散的运动现象，因而给人质量轻的感觉；明度低的颜色显得密度大，给人一种内聚感，从而产生分量重的感觉。

 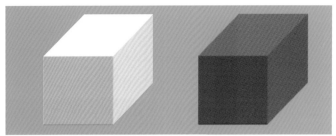

图 3-30 颜色的大小错觉　　　　　　图 3-31 颜色的轻重感

### 5. 颜色的软硬感

颜色的软硬感主要取决于颜色的明度和饱和度，几乎与颜色的色相无关。一般来说，颜色的明度越高感觉越软，明度越低则感觉越硬。明度高、饱和度低的颜色有软感，中饱和度的颜色呈现柔感，因为它们容易让人们想起猫、狗等动物的皮毛。颜色的软硬感与颜色的轻重感有关，轻色软，重色硬；弱色软，强色硬；白色软，黑色硬。因此，中高明度、中低饱和度的颜色搭配容易产生和谐的软感，低明度、高饱和度的颜色搭配容易产生坚硬的视觉效果，如图 3-32 所示。

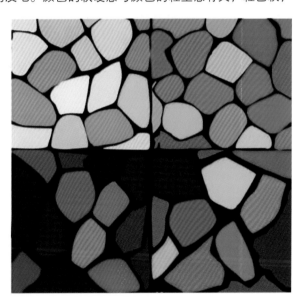

图 3-32 颜色的软硬感

### 6. 颜色的味觉感

人的味觉主要通过舌头对各种食物的品尝刺激来完成，但在生活中，人们经常结合自己的经验，将自己的味觉与许多事物的颜色联系起来产生联想。例如，看到黄绿色、嫩绿色，人们会联想到生苹果、生葡萄、生桃等水果，从而产生酸涩的感觉；看到红色，人们会联想到红辣椒而产生辛辣的感觉；看到橙色、橘红色会联想到橙子、橘子等水果而产生甜的感觉。

**学以致用**：风景画绘画的基本手法将远山呈现青蓝、近山浓抹、远树轻描，这是基于色彩什么样的心理效应？

知识点测试：颜色情感与心理效应

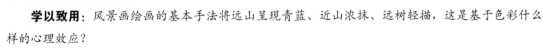

## ◉ 任务实施及评价

任务实施

任务评价

## ◉ 拓 展 训 练 ·················································································◎

　　红色和绿色是对比非常强烈的颜色，视觉上会产生极大的隔离作用，所以配色难度也最大。用颜色调和的方法，调整图 3-33 红绿搭配的宣传海报的配色。

扫码下载图 3-33

图 3-33　红绿搭配的宣传海报

## 任务二　印前设计中的颜色搭配

## ◉ 任 务 描 述 ·················································································◎

　　腊味是中国民间喜爱的传统食品之一，也是人们相互馈赠的佳品，在中国有悠久的历史。广式腊味是经历代不断实践、改善而形成的，选料上乘，畅销全国及东南亚。它既能以"阳春白雪"之身登上大雅之堂，又能以"下里巴人"之身普及寻常人家。采用不同的配色主题，对"广式腊肠"进行包装设计和平面海报设计。（任务来源：2022 年全国工业技术技能大赛"包装设计师"赛项）

## ◉ 知 识 链 接 ·················································································◎

### 知识点 1　配色设计的整体原则

　　在现实生活中，颜色的搭配是千变万化的，有无限种可能。根据颜色搭配的目的，颜色可以分为三大类：第一种是纯粹为了追求美的颜色搭配，如艺术家的美术作品；第二种是重视实用功能的颜色搭配，比如黄与黑搭配的安全标志；第三种是既追求美又注重实用功能的颜色搭配，印前设计中的颜色搭配就属于第三种。

　　配色设计的主要目的是让画面更美观，各种颜色看起来和谐统一，不会产生纷繁杂乱的感觉。配色的设计过程实际上就是对色彩进行不断对比和调和，完成特定的视觉效果或目的，对多种色彩进行合理的选择与搭配。由于民族、地域、文化、时代和行业等多种因素的差异，会导致具体的配色设计有所不同。无论哪种配色设计都要遵循一些基本原则。

### 1. 配色的主次

配色设计中的重要原则是"主次"。色彩按照功能可以划分为主色、辅助色、点缀色。主色是画面中最主要的色彩，通常是纯度最高的颜色或是面积较大的颜色。主色决定设计的风格，是作品的文化方向，在设计中充当了重要的情感元素。每种颜色承载的文化都是不同的，领导了整个印刷产品设计的方向。例如，想让作品体现炎热或温暖的感觉，就选择红色或橙色占主导地位。

辅助色是为了衬托主色的色彩，通常放在主色周围或相关的位置上，其色彩纯度和明度不能高于主色，否则就会喧宾夺主。点缀色是主色和辅助色之外的颜色，用于衬托画面的主题。不能选择纯度或明度较高的颜色作为点缀色。主色和辅助色的搭配要避免平均分配，辅助色的面积要小于主色面积的70%，这样设计出的画面层次感更强。选择与背景色互补的颜色作为点缀色可以完全发挥强调的作用。点缀色在画面中的用量不宜过多，用量过多的点缀色会让画面变得繁杂而失去协调性。如图3-34所示新年快乐海报，选用喜庆红色作为主色，黄色作为辅助色，绿色作为点缀色。

### 2. 配色的平衡

很多装饰图案都采用中心对称或轴对称的色彩布局方式，使画面看起来对称、平稳、庄严、纯朴，利用有秩序的色彩设计使画面平衡稳固，但是这类色彩设计方式也会给人以单调、呆板之感。如果将这种静态的对称平衡改为视觉上的动态平衡，通过对画面中不同色彩的明度深浅、纯度强弱、面积大小、位置等多个方面进行调整，让画面生动、活泼、灵活、动感，获得更好的视觉效果。色彩在画面中不同位置上相互呼应，也能使画面达到平衡的效果。在画面的不同位置多次出现同色彩或同类色彩，可以形成彼此呼应的关系，从而让画面更加和谐统一。由此可见，呼应与重复在调节画面平衡方面有着类似的作用。

色彩呼应也可以是明度和纯度关系上的。如果画面中必须使用强烈对比的颜色，但是又希望在这种情况下尽可能让画面和谐统一，那么可以在强烈对比的两种颜色中都加入另一种颜色，或者两种颜色都加入彼此的颜色，从而形成互相呼应。由于强烈对比的两种颜色中都包含一定量的另一种颜色，画面的整体色彩变得更加和谐。如图3-35所示的美食海报，绿色和红色两种对比强烈的颜色，都加入彼此的颜色，增加了整个画面的和谐度。

图 3-34　新年快乐海报

图 3-35　美食海报

### 3. 平面广告设计中的颜色搭配原则

在平面广告设计中，设计师经常利用设计元素的各种属性对画面进行优化处理。颜色是引起受众第一感官的重要元素，它比文字、图形等其他元素能更生动地表现出主体内容的形象、质感。在广告设计中，通过合理的颜色搭配可以吸引观众对广告的注意力，采用悦目和装饰性非常强的颜色搭配，引起人们长时间的注目，从而把广告中想要表达的信息快速、完整地传达给受众，以达到广告宣传的目的。

（1）颜色搭配要有强烈的吸引力和识别性。广告设计主要包含文字、图形和颜色三个要素。其中，颜色最吸引人们的注意，起到"先声夺人"的效果，因此，颜色搭配需要有很强的视觉冲击力、感染力和可识别性，吸引顾客的注意力，并有助于其识别记忆，瞬间抓住受众的心理，将商品推销给顾客。例如，麦当劳的商标采用红色、白色和黄色搭配，可口可乐的商标采用红色与白色搭配，视觉效果明快、简洁，形象非常醒目，很容易打动顾客，使其产生购买的欲望，如图3-36所示。

**图3-36　麦当劳与可口可乐商标的颜色搭配**

（2）颜色搭配要符合广告商品属性。每种商品都有自己的属性，在广告设计中，颜色搭配要与广告商品的属性配合，让顾客能联想到商品的特点或性能。例如，橘黄色应用于橙汁的广告设计，绿色应用于茶叶的广告设计，粉紫色应用于女性用品、化妆品等商品的广告设计，褐色、黑色应用于咖啡的广告设计。

（3）颜色搭配要符合广告主题。主题是广告设计的灵魂，所有的表现要素都必须围绕着广告的主题展开，颜色搭配也不例外。颜色是顾客最先感知的视觉元素，决定广告的第一印象，因此，颜色搭配要遵从于广告主题，做到内容与形式的高度统一。

（4）颜色搭配要关注颜色的象征意义与文化层面的差异。颜色的象征意义不仅是对天然事物的感知，还有社会文化层面衍生的情感。因此，在广告设计中进行颜色搭配时，要充分考虑受众的社会背景、宗教信仰、民俗心理等文化层面和意识层面的文化因素。如果没有熟悉当地的文化习俗而采用不合风俗的颜色搭配，不仅起不到产品广告宣传的目的，反而会引起受众的反感。

### 4. 包装设计中的颜色搭配原则

在包装装潢设计中，颜色是影响消费者视觉感受的最活跃因素之一。在包装装潢设计中，颜色搭配显得尤为重要，它不仅起着美化商品的作用，还能提高商品的档次，增加商品的竞争力。一个优秀的包装应采用使人愉悦的颜色搭配，吸引人们的注意力，成为一名无声的推销员。因此，能否合理搭配颜色是包装装潢设计成功与否的关键因素。

（1）符合商品属性原则。不同种类的商品在包装颜色搭配上有不同的要求，为了使包装颜色搭配便于消费者识别，并促进商品销售，必须了解不同商品对包装颜色搭配的要求和特点。

在食品包装设计（图3-37）上，通常使用颜色艳丽明快的粉红、橙黄、橘红等颜色以突出食品香、甜的味觉和口感。巧克力、麦片等食品，多用金色、红色、咖啡色等暖色，给人以新鲜美味、营养丰富的感觉。茶叶包装用绿色，给人清新、健康的感觉。冷饮食品的包装，采用具有凉爽感、冰雪感的蓝色、白色，突出食品的冷冻感和卫生安全感。

药品包装（图3-38）则与食品包装相反，大多采用淡蓝色、淡绿色等冷色表示消炎、退热、镇静、止疼类药品，用暖色表示滋补、营养、兴奋、强心及保健类药品，用黑色表示有毒，用红黑色表示有剧毒。

图 3-37　食品包装颜色搭配　　　　　图 3-38　药品包装颜色搭配

化妆品包装（图 3-39）一般采用柔和的中饱和度或高明度的颜色，如女性化妆品用淡绿色、粉红色、玫瑰色让消费者联想到自然、轻快、纯洁和女性的柔美；男性化妆品用蓝色、黑色或灰色表示庄重大方，体现男性的刚毅与深沉。

家用电器包装（图 3-40）一般采用蓝色、黑色及银色以表示技术含量高。

儿童玩具包装则常用鲜艳夺目的纯色和冷暖对比强烈的色块来迎合儿童的兴趣和爱好。

体育用品包装多用鲜明、鲜亮的颜色，以活跃气氛，增强运动感。

图 3-39　化妆品包装颜色搭配　　　　图 3-40　家用电器包装颜色搭配

（2）符合消费对象地域特征。任何一种商品都有特定的消费群体，在包装设计中因为消费对象的地域习俗、年龄、性别、职业的不同，颜色的喜好往往差别很大。因此，商品包装的颜色搭配应根据消费对象的具体情况进行设计。如图 3-41 所示为我国月饼包装与国外月饼包装的颜色搭配，可以看出，选择的颜色搭配差别非常大。

（3）符合商品营销策略。在激烈的市场竞争中，成熟的营销策略往往会起到事半功倍的效果。企业通常会根据不同的市场营销计划制定不同的包装策略，如包装系列化策略（图 3-42）、包装等级化策略、礼品馈赠策略、绿色环保策略等。包装设计中的颜色搭配应配合具体的包装策略进行设计，以保证营销策略的成功实施。

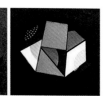

国内月饼包装　　　　　　国外月饼包装

**图 3-41　国内外月饼包装颜色搭配的对比**

**图 3-42　系列包装设计中的颜色搭配**

### 5. 书籍设计中的颜色搭配原则

颜色在书籍设计中作为一种设计语言，有着文字、版式等其他书籍设计要素无法比拟的优势。得体合适的色彩搭配可以营造与书籍内容相匹配的封面意境和情调，使其具有明显区别于其他书籍的视觉特征，从而让读者产生阅读的冲动。

（1）书籍设计用色应与书籍内容相符。不同类型的书籍都有自己特有的颜色要求。书籍设计所选用的颜色应该根据书籍的主要内容来确定。例如，2008 年浙江人民出版社出版的《激荡三十年》（图 3-43）。该书的封面设计就采用了大面积的红色，红色是中华民族最喜爱的颜色，也是视觉效果最强烈的颜色。中国近代史就是一部红色的历史，承载了国人太多红色的记忆，大面积的红色刺激将读者的思绪引导到中国企业激荡起伏 30 年的风雨历程。

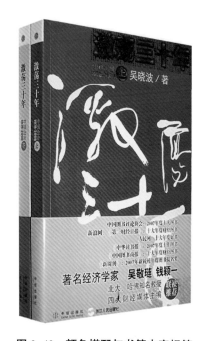

**图 3-43　颜色搭配与书籍内容相符**

（2）书籍设计用色应满足读者的审美需求。不同区域、不同年龄阶层、不同文化层次背景读者的颜色偏好不同，对应不同的颜色，设计者不能根据个人的喜好进行颜色搭配。比如，儿童比较喜欢鲜艳的、高饱和的颜色，因此，少儿类书籍多倾向于黄、橙、绿、红等色调，减弱各种对比的力度，强调柔和的感觉；女性书刊的色调可以根据女性的特征，选择温柔、妩媚、典雅的颜色系列；体育杂志的颜色则强调刺激、对比、追求颜色的冲击力；艺术类杂志的颜色就要求具有丰富的内涵，要有深度，切忌轻浮、媚俗；科普书刊的颜色可以强调神秘感；时装杂志的颜色要新潮，富有个性；专业性学术杂志的色彩要端庄、严肃、高雅，体现权威感，不宜强调高纯度的色相对比。

（3）颜色搭配应与市场定位一致。市场定位是指出版的书籍是面向大众的亲民风格还是追求奢华与高贵的格调。不同市场定位的书籍其颜色搭配是不同的，体现亲和力的颜色搭配要保持温柔、轻松，色调明亮而淡雅；体现奢华的颜色搭配要求深邃，体现质感，色调比较暗。

（4）书籍封面与内页的颜色搭配应协调统一。书籍设计时，为了塑造书籍的整体形象，在颜色搭配时，书籍封面与内页版式的颜色应保持一致，一般书籍内页的颜色可根据书籍自身的内容与形象，提取封面颜色的 2 ~ 3 种颜色，使内页颜色适合书籍内容特征并与封面颜色搭配有一定的统一性，如图 3-44 所示。

知识点测试：配色设计的整体原则

**学以致用**：设计一款儿童饼干包装的配色，可以选用什么颜色为主色、辅助色和点缀色？

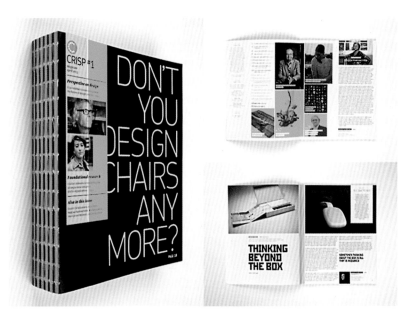

图 3-44　书籍内页与封面色调保持一致

## 知识点 2　协调统一的配色设计

配色设计有很多方法和技巧，但是让画面中的所有色彩达到协调统一的效果，有时也并非易事。协调的配色能让人心情舒畅和平静，不协调的配色会给人带来紧张、烦躁之感。因此，如何通过配色设计使画面中的各种色彩达到协调统一的效果是非常重要的。

搭配协调统一的色彩可以使用同类色或相似色进行配色。这样可以让画面达到最大程度的协调。使用同类色进行配色时，可以通过改变色相的明度或纯度让画面富有层次感，从而避免过度的生硬和单调。色相一致的配色也会导致画面单调，缺乏活力。为了增加画面的趣味性，可以在配色设计中加入强调色。

明度的强弱是最容易被人所感觉到的。无论使用什么色相，保持所有色相具有相同的明度，可以让所有颜色处于同一平面且使画面平衡。不同的色彩本身就存在明度差异，因此不能直接将所有色彩的明度都设置为相同的数值，而是要根据色彩自身明度的差异有所区别地进行设置。明度一致的配色不会出现强弱和对比，因此，不适用于需要引人注目的设计，如广告和警示标志。

纯度决定了颜色的鲜艳程度。纯度高的颜色让人觉得有精神，纯度低的颜色让人觉得稳重、低沉。如果画面中的多种色彩具有不同的纯度，将会让画面处于散漫杂乱的状态。使用纯度一致的配色则可以使画面协调统一。统一使用纯度高的多种颜色，会使画面产生强烈的刺激，给人以热闹喜悦之感。在这种情况下如果减少用色数量，则会体现强有力的感觉。统一使用纯度低的多种颜色，可以让画面变得暗淡，呈现出沉稳、平静的感觉。

### 1. 协调统一的配色在平面广告设计中的应用

在广告设计中，运用颜色对比可以产生不同的视觉效果。伴随着颜色对比的产生，随之也会出现颜色调和的问题，只有当颜色之间的对比关系达到一种调和时，颜色搭配效果才能有效地发挥作用。颜色调和是把两个或两个以上的颜色组合，使颜色之间产生一种秩序、统一与和谐的视觉效果。

广告设计中如果对比过于强烈，往往需要经过颜色调和，去除那种强烈的刺激和突兀的感觉。在广告设计中常用的颜色调和方法有颜色加强法、面积调和法、隔离调和法等。

（1）颜色加强法。广告中色彩过于单调时，一般采用颜色加强法来调整画面色彩，从而使画面变得生动形象。具体来说就是通过加强明度、色相和纯度的方法来进行调和，通过增加或减少它们之间的差异，使画面有更加丰富多彩的效果。如图 3-45 所示，广告画面采用较暗的蓝色调，通过轿车的车灯照射效果增加画面中的明度对比，将观众的注意力吸引到轿车上，使沉闷的画面活泼、和谐起来。

（2）面积调和法。颜色面积调和法在广告设计中的运用，是通过增加或减少画面中一些过于强烈的颜色的面积，从而使广告画面产生一个主色调的和谐画面，这样的调整可以起到明确主题的作用，如图 3-46 所示。

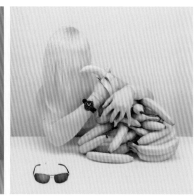

图 3-45　增强画面的明度对比　　　　　　　　　　　　图 3-46　面积调和法
　　　　　实现颜色调和

（3）隔离调和法。隔离调和法（图 3-47）在广告设计中的运用主要体现在：作品中出现较为强烈、刺激的颜色时，在中间加入黑色、白色、灰色等无彩色，以起到颜色的过渡作用。

### 2. 协调统一的配色在包装设计中的应用

在包装设计中，当颜色对比过于强烈时，也需要进行颜色调和，使包装装潢画面和谐统一，给消费者以赏心悦目的视觉感受。

（1）色相调和在包装设计中的应用。色相调和是将包装装潢画面中的颜色色相进行统一，使画面呈现出同一色相或近似色相的色调，通过变化画面中颜色的明度和饱和度，表现出一种淡雅、柔和的画面，如图 3-48 所示。

图 3-47　隔离调和法实现颜色调和　　　　　　　图 3-48　色相调和在包装设计中的应用

（2）明度调和在包装设计中的应用。明度调和是统一包装装潢画面中的明度，有意识地减弱画面中的明度对比，而保持颜色的色相和饱和度变化，从而表现出含蓄、平和的画面色调，如图 3-49 所示。

（3）饱和度调和在包装设计中的应用。饱和度调和是统一包装装潢画面中各颜色的饱和度，有意识地减弱画面中的饱和度对比，而保持颜色的色相和明度变化，如图 3-50 所示。

图 3-49　明度调和在包装设计中的应用　　　　图 3-50　饱和度调和在包装设计中的应用

（4）面积调和在包装设计中的应用。当包装装潢画面对比过于强烈或过于呆板时，可以通过增加或减少画面中一些颜色的面积，从而产生一种生动、活泼的画面。如图 3-51 所示，通过在非彩色画面中增加小面积的高纯度彩色，使包装装潢画面显得更加活泼、可爱，从而激起消费者的购买欲望。

图 3-51　面积调和在包装设计中的应用

### 3. 协调统一的配色在书籍设计中的应用

在书籍设计中，颜色的形式美是建立在和谐、有序的基础上，这就需要通过颜色调和来调整书籍页面中颜色之间的关系，使之成为和谐、统一的整体。如图 3-52 所示，是将画面中背景颜色的色相统一，变化明度和饱和度，使画面呈现柔和、明快的视觉效果；如图 3-53 所示，是利用隔离调和法在两种颜色对比过于强烈的颜色交接处增加黑色，以削弱颜色的冲突，使书籍画面和谐统一起来；如图 3-54 所示，是在以青色为主色调的书籍页面中增加小面积的绿色，通过两种饱和度非常高的颜色的面积对比使画面视觉效果变得更加生动、活泼。

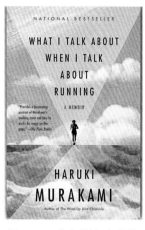 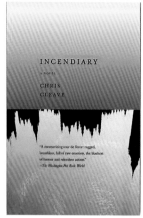 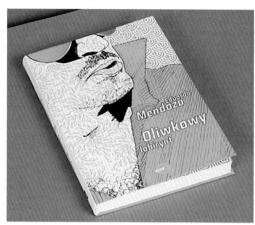

图 3-52　色相调和在书籍 　　图 3-53　隔离调和法在书 　　图 3-54　面积调和法在书籍设计中的应用
　　　　　设计中的应用 　　　　　　籍设计中的应用

**学以致用**：牛仔面料的服饰一直以来都是非常受欢迎的，既能够甜美可爱也可以优雅大方，更能营造出酷帅感的效果，请用面积调和的方法为牛仔上衣设计点缀装饰。

## 知识点 3　强调对比的配色设计

### 1. 强调对比的配色在平面广告设计中的应用

颜色对比是广告设计中色彩美感表现的基础。广告设计往往通过颜色对比来表现相应的主题，将颜色按照不同的规则进行搭配，可以使广告画面体现出变化，呈现丰富多彩的形式，达到突出广告画面质感的作用。颜色对比中常用的色相对比、明度对比、饱和度对比及面积对比都广泛应用于平面广告设计过程中。

（1）色相对比在广告设计中的应用。色相对比是颜色对比的主要部分。在广告设计中，灵活运用色相对比可以丰富画面的层次，增强画面的视觉冲击力，使广告画面在很短的时间内迅速吸引受众的眼球。如图 3-55 所示，Smart 汽车广告就分别采用了不同的色相作为画面背景，呈现出色彩丰富的画面，产生了较强的视觉效果。

图 3-55　Smart 汽车广告

（2）明度对比在广告设计中的应用。在广告设计中，色彩明度对比能带给观众空间与层次上的差异感，有助于观众迅速分辨出画面的重点。如图 3-56 所示，利用黄色与暗背景色的明度对比，迅速将受众的注意力吸引到广告画面的右下角，达到很好的广告效果。

（3）饱和度对比在广告设计中的应用。在广告设计中，饱和度对比可以决定广告画面的总体色调，如果饱和度对比强烈，可以表现出丰富多彩、生动活泼的广告画面，如图 3-57 所示，利用饱和度对比凸显了汽车的华丽品质，从而激起受众的购买欲望。如果饱和度对比微弱，广告画面就会显得沉闷、单调。饱和度对比的运用必须掌握一个度，否则会取得相反的效果，如果画面对比过于强烈就会产生炫目、杂乱无章的效果。

（4）面积对比在广告设计中的应用。颜色的面积对比也同样广泛应用于平面广告设计中，不同的颜色面积比例所呈现出来的视觉效果是截然不同的。如图 3-58 所示，采用大面积的粉紫色作为广告画面的主色调，利用小面积的暗红色、白色、金属色与主色形成对比，衬托被强调的主题色。

图 3-56　明度对比在广告设计中　图 3-57　饱和度对比在广告设计中　图 3-58　面积对比在广告设计中
　　　　　的应用　　　　　　　　　　　　的应用　　　　　　　　　　　的应用

#### 2. 强调对比的配色在包装设计中的应用

颜色对比应用于包装设计中，有助于消费者从琳琅满目的商品中分辨出不同的品牌，因而广泛应用于包装装潢设计中。

（1）色相对比在包装装潢设计中的应用。色相对比应用于包装装潢设计中，可以使包装设计的整体效果更加鲜明、突出、明快，产生较强的视觉冲击力。例如，如图 3-59 所示中的系列白酒酒瓶包装装潢设计中，分别采用了不同色相颜色的对比，给受众以强烈的视觉对比效果。

（2）明度对比在包装装潢设计中的应用。明度对比应用于包装装潢设计中，可以使亮的颜色更亮、暗的颜色变得更暗，从而使包装的整体视觉效果更加鲜明、强烈，重点更加突出。例如，如图 3-60 所示，爆米花包装分别采用四种色调代表不同口味，每种口味的包装则采用了不同色相颜色的明度对比；如图 3-61 所示，采用了黑色与白色的明度对比，显著提升了商品的质感。

（3）饱和度对比在包装装潢设计中的应用。饱和度对比应用于包装装潢设计中，可以产生华丽、高雅、古朴、柔和、含蓄的视觉效果。如图 3-62 所示的果汁包装设计，采用了相同明度、不同色相颜色的饱和度对比，颜色搭配非常适合儿童和年轻人。

图 3-59 色相对比在包装设计中的应用

图 3-60 不同色相明度对比

图 3-61 明度对比在包装设计中的应用

（4）面积对比在包装装潢设计中的应用。在包装装潢设计中，颜色所占面积大小，会使人产生不同的视觉效果，颜色面积越大，越能充分表现出颜色的明度和纯度，产生颜色搭配的主色调，如果要突出某一个重点，可以利用加大颜色的面积来增强其效果，也可以通过增加弱色的面积减小强色的面积，通过悬殊的面积对比来表达主题。例如，如图 3-63 所示的坚果包装装潢设计中，通过深颜色的圆角方形色块、黑色文字及坚果图形与浅色背景的面积对比来突出商品的品牌和包装内容物。

图 3-62 相同明度、不同色相的饱和度对比

图 3-63 面积对比在包装装潢设计中的应用

### 3. 强调对比的配色在书籍设计中的应用

读者的阅读行为既是一个获取信息的过程，也是一个审美的过程。在这个过程中，如果书籍颜色搭配不协调，色调多变，就会使书籍页面显得混乱，从而引起读者的不愉快。因此，在书籍设计过程中，也要合理运用颜色对比，使书籍页面艳而不俗、华而不浮，产生协调和谐的美感。

与包装装潢设计相似，常用于书籍设计的颜色对比包括色相对比、明度对比、饱和度对比和面积对比。如图 3-64 所示，采用色相对比使该书的书名显得醒目，给读者以强烈的视觉冲击力；如图 3-65 所示，采用绿色作为书籍封面的主色调，并通过绿色的明度对比来突出书籍名称；如图 3-66 所示，采用了不同颜色的饱和度对比来表现这本书的主题；如图 3-67 所示，采用颜色的面积对比来突出书籍的名称和作者。

**学以致用**：如图 3-68 所示是"弘然仙"品牌的标志设计，颜色单一，请用强调对比的配色设计方法，对其进行修改。

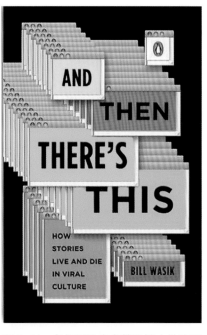

知识点测试：强调对比的配色设计

图 3-64　色相对比在书籍设计中的应用

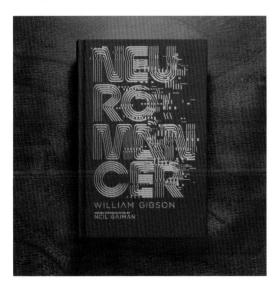

图 3-65　明度对比在书籍设计中的应用

图 3-66　饱和度对比在书籍设计中的应用

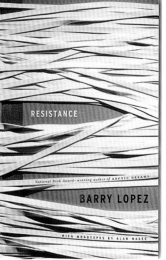

图 3-67　面积对比在书籍设计中的应用

图 3-68　"弘然仙"的标志

## 知识点 4　经典主题配色设计

### 1. 中国传统颜色搭配

中国传统色既是中国人定义色彩的方式，也是中国人看待世界大自然的方式。色彩的背后蕴含了流传千年的东方审美和古老的智慧及国人儒雅的文化修养。

中国传统色是从万物类象感受中提取，秉承天人合一的理念，五正色、五间色形成基本的颜色系统，对应天时地利。五正色是青、赤、黄、白、黑，五间色是绿、红、流黄、碧、紫。这些表示颜色的名词，构成中国人语言和意识中的色彩世界，千百年来，不但传承于建筑、器物、服饰、绘画等物质的颜色载体，也传承语言和意识的颜色载体。无论物质、语言还是意识，都是中国文化的沉淀和精髓，让它们流传下去是中国文化传承的要义。

从二十四节气中探寻祖先对色彩的细微感受，如图 3-69 所示，大暑海报，探寻古典中国的文化底蕴与审美情趣。如图 3-70 所示，列举了四种中国传统色配色方案。

图 3-69　大暑海报

翠绿C=86，M=44，Y=65，K=2
朱柿C=24，M=81，Y=100，K=0

东方既白 C=37，M=7，Y=6，K=0
秋葵 C=69，M=41，Y=100，K=2

沧浪C=49，M=16，Y=37，K=0
海清C=100，M=100，Y=63，K=39

媚红 C=53，M=93，Y=81，K=29
白雪 C=21，M=19，Y=7，K=0

图 3-70　四种中国传统色配色方案

### 2. 莫兰迪颜色搭配

意大利画家乔治·莫兰迪的绘画作品具有质朴灰沉、低调高雅的视觉感受，因此，灰调作品也成了他独特鲜明的个人标签。莫兰迪基于画中总结出的这套颜色法则被称为莫兰迪色系。莫兰迪色系是一个低饱和度的色彩系列。在纯色的基础上，融入了 50% ~ 60% 的灰色，因此，任何色彩融入灰色都可以囊括莫兰迪色的色系范围，隐忍克制地表达色彩的氛围感受，如图 3-71 所示。

### 3. 蒙德里安颜色搭配

荷兰画家蒙德里安是几何抽象画派的先驱。蒙德里安色系的结构非常简单，仅仅依靠黑色的线条和再普通不过的红、黄、蓝三原色格子。最影响后世的是他的构图系列作品，不仅影响室内设计、平面设计、家居设计行业，时装设计行业都能看到他的身影。蒙德里安配色的内涵在于比例对比和颜色比例对比。比例对比是指水平和垂直方向划分了很多大小不一的格子构成了最基本的形态。比例小的格子，因为在画面中所处的区域而显得跳跃和视觉的前进感，而占据比例大的格子给人往后退的感受，如图 3-72 所示，蒙德里安风格海报。

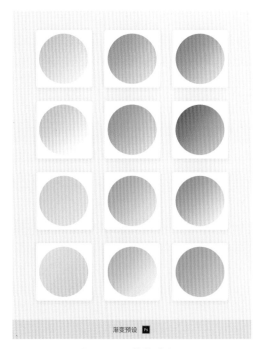
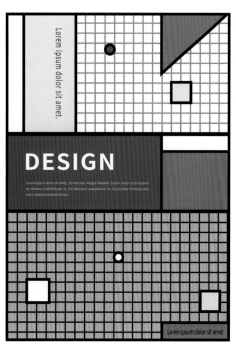

图 3-71　莫兰迪色系　　　　　　　　　图 3-72　蒙德里安风格海报

### 4. 马卡龙颜色搭配

马卡龙是法国非常普遍的一种甜点，里面掺杂了很多西方常见的调味品，比如可可、咖啡、巧克力、抹茶或者果酱等，这些调味品都具有非常鲜明的色彩特点。因此，我们可以从马卡龙各式各样斑斓的色彩中，从视觉角度上也感受到了甜的味觉感受。事实上，马卡龙色系和莫兰迪色系的逻辑一样，都是采用低饱和度的配色方式，只是在基本纯度色彩上融入了 10% ~ 30% 的灰色。

与莫兰迪色系作一个对比，莫兰迪色系是在基本纯度色彩上融入 50% ~ 60% 的灰色，因此色彩就像蒙上了一层灰色；而马卡龙色系是在基本色彩上掺杂 10% ~ 30% 的灰色，因此色彩上蒙上了一层粉色，依然是较为鲜艳和活力的色彩氛围。比如说，在原本鲜艳的天空色加上 20% 的灰度色彩就出现了充满活力的粉蓝色。图 3-73 所示为马卡龙配色海报。

图 3-73　马卡龙配色海报

### 5. 孟菲斯颜色搭配

孟菲斯风格起源于 20 世纪 80 年代的米兰。孟菲斯配色就是抵制枯燥单一的极简设计，用色彩唤醒活力和精神，打破所有条条框框的思维束缚和观念。孟菲斯配色的风格多变，形式多样，大致可以总结为两大特质：一是亢奋、活跃精神的色彩感受，高纯度、高明度的色彩拼合；二是大量使用各式各样的几何形状和线条、图案，尤其是点、线、面与色块间的混合填充拼接。无论是色彩的选择，还是几何的使用始终充满自由和随意，互相拼合，任意搭配，如图 3-74 所示为孟菲斯配色书籍封面。

图 3-74　孟菲斯配色书籍封面

知识点测试：经典主题配色设计

**学以致用**：《红楼梦》里的颜色让人浮想联翩："那个软烟罗只有四样颜色：一样雨过天青，一样秋香色，一样松绿的，一样就是银红的，若是做了帐子，糊了窗屉，远远的看着，就似烟雾一样，所以叫作'软烟罗'。那银红的又叫作'霞影纱'。"你能查到这些是什么颜色吗？CMYK 值是多少？

## ◉ 任务实施及评价 ·······················································································⊙

任务实施

任务评价

## ◉ 拓展训练 ·······················································································⊙

设计一款"五粮液"包装，采用不同的配色主题，进行包装装潢设计和平面海报设计。（任务来源：2023 年中国包装创意设计大赛"真题真做"项目）

# 模块四 颜色复制

### 知识目标

1. 掌握色光加色混合和色料减色混合的原理；
2. 了解印刷原稿的类型及特点；
3. 了解 GCR 工艺与 UCR 工艺的内涵；
4. 掌握灰平衡的含义；
5. 了解网点的类型与特性；
6. 掌握印刷品呈色原理。

### 能力目标

1. 能利用色光加色混合和色料减色混合规律分析颜色复制过程中的相关问题；
2. 能根据原稿的不同类型选择合适的分色工艺；
3. 能根据原稿的特点选择合适的加网方式；
4. 能根据印刷活件的要求合理安排印刷色序。

### 素养目标

1. 培养版权意识：合法使用原稿，注意保护原稿作者的知识产权；
2. 增强文化自信：熟悉中国水墨画、风俗画等艺术品复制工艺，了解敦煌壁画不褪色的原因；
3. 塑造职业素养：熟悉标准化的颜色复制工艺，规范控制印刷工艺参数，强化质量意识。

## 任务一　色光加色复制

### ◉ 任务描述

请利用 Photoshop 软件设计实验，分别模拟色光加色混合的静态混合与动态混合过程。

### ◉ 知识链接

#### 知识点 1　色光三原色

自然界中有成千上万种颜色，不可能使用这么多种颜料或油墨来进行一一复制，而是通过颜色混合的方法来再现这些颜色。颜色的混合既可以是色光的混合，也可以是颜料或染料的混合，通常把色光的混合称为色光加色混合，将颜料或染料的混合称为色料减色混合。色光加色混合和色料减色混合是现代颜色复制技术的基础。

通过仪器装置，将几种色光同时或先后快速刺激人的视觉器官，便产生出不同于原来颜色的新的颜色感觉，这就是色光的混合，如图 4-1 所示。

在色光混合实验中，人们发现至少要用三种原色光才能混合出自然界中所有的颜色。为了能用三原色混合出其他的颜色，选择的三种原色应满足如下要求：

首先，三种原色应具有独立性，三原色中任何一色都不能用其余两种颜色混合出来。

其次，其他颜色可由三原色按一定的比例混合出来，并且混合后得到的颜色数目最多。

最后，从能量的观点来看，色光混合是亮度的叠加，混合后的色光必然要亮于混合前的各个原色光，只有用亮度低的色光作为原色才能混合出数目比较多的色彩。否则，用亮度高的色光作为原色，其相加更亮，这样就不能混合出那些亮度低的色光。

在大量的颜色混合实验与研究基础上，人们最终确定了红色、绿色和蓝色三种色光作为色光混合的三原色，选择这三种色光作为三原色主要是基于以下三个方面的考虑：

首先，在白光的色散实验中，白光通过三棱镜后会分解成红（R）、橙（O）、黄（Y）、绿（G）、青（C）、蓝（B）、紫（P）七种颜色光，这七种颜色组成了可见光谱，通过仔细审视光谱可以发现，红光、绿光、蓝光三种颜色比较均匀地分布在整个可见光谱上，而且占据较宽的区域，在光谱上显得比较突出；如果适当地转动三棱镜，使光谱由宽变窄，就会发现：红色、绿色、蓝色三种色光的颜色最明显，其他色光颜色逐渐减退，有的差不多已消失。从光的物理刺激角度出发，人们首先选定以红色、绿色、蓝色三种色光作为色光三原色。

其次，当用红光、绿光、蓝光三种色光进行颜色混合实验时，如果三种色光两两等比例混合，可分别得到黄光、青光和品红光，品红光是光谱上没有的，常被称为谱外色；如果将三色光等比例混合，则可得到白光，如图 4-2 所示；如果将红、绿和蓝三种色光以不同比例混合，就得到其他不同色光；但这三种色光中的任何一种色光都不能由其他两种色光混合出来。

最后，从人眼的视觉生理特性来看，经研究发现，人眼的视网膜上有三种感色锥体细胞：感红细胞、感绿细胞和感蓝细胞，这三种锥体细胞分别对红光、绿光、蓝光敏感。当其中一种感色锥体细胞受到较强的刺激时，就会引起该感色细胞的兴奋，则产生该颜色的感觉。当复色光刺激人眼时，会引起人眼视网膜上三种锥体细胞不同程度的兴奋，从而产生其他颜色感觉。例如，黄光刺激人眼，会引起感红细胞和感蓝细胞同时兴奋，从而产生黄色感觉；白光刺激人眼，则会同时引起三种锥体细胞的兴奋，产生白色感觉。

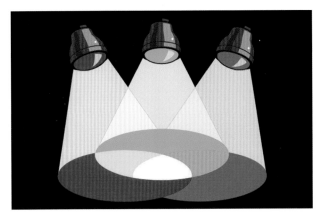

图 4-1　色光混合

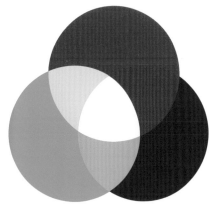

图 4-2　色光三原色混合效果

综上所述，可以确定：红色、绿色和蓝色是最基本的色光，它们既是白光分解后得到的主要色光，又是混合色光的主要成分；能与人眼视网膜锥体细胞的光谱响应相匹配，符合人眼的视觉生理效应；三种色光以不同比例混合，几乎可以得到自然界中的一切色光；这三种色光具有独立性，其中一种原色不能由另外的原色光混合而成，由此，确定红色、绿色、蓝色为色光三原色。在色光混合实验中，虽然确立了红、绿、蓝三种色光作为三原色，但很多的研究者确定的红、绿、蓝三原色的波长并不是一样的，例如，有人选择的三原色：红为 630 nm、绿 528 nm、蓝为 475 nm，也有人选择了红为 630 nm、绿 528 nm、蓝为 475 nm。为了统一认识，1931 年 CIE 规定了三原色的波长：红为 700.0 nm、绿为 546.1 nm、蓝为 435.8 nm。

**学以致用：**人们常用的显示器和电视机是如何显示颜色的，它们为什么几乎能显示出人们看到的所有颜色？

知识点测试：色光三原色

## 知识点 2　色光混合类型

色光混合方法按不同的标准可分为不同的类型，按照光源的不同可分为直接光源的混合和间接光源的混合；按照色光对人眼的刺激方式的不同可分为静态混合和动态混合；按照人眼的感受程序的不同又可分为视觉器官外的加色混合和视觉器官内的加色混合。

### 1. 视觉器官外的加色混合

视觉器官外的加色混合是指色光在进入人眼之前就已经混合成新的色光。色光的直接匹配就是视觉器官外的加色混合，如图 4-1 所示，红光、绿光、蓝光三种色光先照射在色光混合实验台上，混合出黄色、青色、品红色和白色，这些颜色经实验台反射到人的眼睛，分别产生黄色、青色、品红色和白色感觉，这就是典型的视觉器官外的加色混合。这种加色混合的特点：在进入人眼之前各色光的能量就已经叠加在一起，混合色光中的各原色光对人眼的刺激是同时开始的，是色光的同时混合。

### 2. 视觉器官内的加色混合

视觉器官内的加色混合是指参加混合的各单色光，分别作用于人眼的三种感色细胞，引起三种感色细胞不同程度的兴奋，使人产生新的综合颜色感觉。根据色光作用于人眼的时间关系，它又可分为静态混合与动态混合。

（1）静态混合。静态混合是指处于静态的人眼分辨不出来的两个色块，反射的色光同时刺激人眼而产生的混合。印刷品颜色复制过程中的网点呈色就属于典型的静态混合。由于人眼的视觉敏锐度有限，人眼分辨不出相隔太近且面积又很小的不同颜色网点，因而将它们视为一种混合色。如图 4-3 所示，右边是青色网点与品红色网点并列时的放大图，品红色与青色网点的反射光同时刺激人眼的感色细胞，使人产生的色彩感觉既不是单纯的品红色，也不是单纯的青色，而是青色与品红色的混合色（见左图），这是由于品红色与青色网点相距太近，人眼的感色细胞无法区分开，从而产生了综合色觉。

（2）动态混合。动态混合是指各种颜色处于动态时，反射的色光在人眼中的混合。各种色块的反射光不是同时在人眼中出现，而是一种色光消失，另一种色光出现，先后交替刺激人眼的感色细胞，由于人眼的视觉暂留现象，当后一种色光到达眼睛的感色细胞时，前一种色光产生的刺激还没有消失，从而使人产生混合色觉。

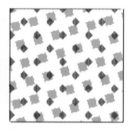

图 4-3　色光静态混合

人眼在观察物体时，在光的照射下，物体所反射或透射的光进入人眼，刺激了视神经，引起了视觉反应。当这个物体从眼前移开，对人眼的刺激作用消失时，该物体的形状和颜色不会随着物体移开而立即消失，它在人眼中还可以做一个短暂停留，时间大约为 1/10 s。物体形状及颜色在人眼中这个短暂时间的停留，就称为视觉暂留现象。正因为有了这种视觉暂留现象，人们才能欣赏到电影、电视的连续画面。在颜色匹配实验中所用的颜色转盘产生的颜色就是典型的动态色光混合现象。

**学以致用**：请用色光的动态混合原理解释电影放映过程中利用电影胶片产生动态连续的影像画面的原理。

知识点测试：色光混合类型

### 知识点 3　格拉斯曼色光混合规律

格拉斯曼定律是 1854 年德国科学家格拉斯曼在不同的观测条件下，进行了大量实验总结出来的色光混合规律，可以表述如下：

（1）人的视觉只能分辨颜色的色相、明度和饱和度三种变化。

（2）用两种色光进行颜色混合实验时，如果其中一种色光连续变化，则混合色的外貌也会连续变化。红光与蓝光混合形成品红色光，若蓝光不变，改变红光的强度使其逐渐减弱，可以看到混合色由品红色到红色的各种过渡颜色；反之，若红光不变，改变蓝光的强度使其逐渐减弱，可以看到混合色由品红色到蓝色的各种过渡颜色。

（3）补色律。如果两种色光混合后可以得到白色，则这两种色光称为互补色光，这两种颜色称为补色。每一个色光都有一个相应的补色光，某一色光与其补色光以适当比例混合，便产生白光，若按照其他比例混合，则产生颜色偏向于比例大的色光的新颜色，这就是补色混合规律。在色光混合实验中可以看到：三原色光等量混合，可以得到白光；如果先将红光与蓝光混合得到品红色光，品红色光再与绿光混合，也可以得到白光，因而品红色与绿色为互补色；白光还可以由另外一些色光混合得到，比如红光与青光、蓝光与黄光，这两对色光也分别为互补色光。

（4）中间色律。任意两种非补色光相混合，便产生中间色。中间色的色相取决于两种色光的相对能量，饱和度则取决于两者在色相环上的远近。三原色中的任意两种原色光相混合可以得到一系列的中间色。中间色律解释了为什么利用三原色可以匹配出自然界中几乎所有的颜色。

（5）代替律。外貌相同的色光（颜色三属性相同），即具有相同的色相、明度和饱和度，不管它们的光谱成分是否一样，在颜色混合中具有相同的效果。简而言之，凡是在视觉效果上相同的颜色在颜色混合中都是等效的，这就是代替率。如果 A=B、C=D，则有 A+C=B+D。

（6）亮度相加定律。几种色光相混合产生的混合色的总亮度等于组成该混合色的各种色光亮度的总和。这就是色光混合的亮度相加定律，它反映了色光混合的实质。

**学以致用**：在艺术品复制领域，一幅世界名画经过印刷复制加工后，原作跟复制品的色差几乎为零，这种复制运用了格拉斯曼色光混合规律中的哪一条？

知识点测试：格拉斯曼色光混合规律

## ◉ 任务实施及评价 ......................................................... ◎

任务实施          任务评价

## ◉ 拓展训练 ............................................................. ◎

　　如图4-4所示为春天里拍摄的某处野外的景色，请分析该图片是否存在色偏，如果存在，请利用色光加色原理纠正该图像的色偏。

扫码下载图 4-4

图 4-4　图像颜色校正

## 任务二　色料减色复制

## ◉ 任 务 描 述 ............................................................. ◎

　　在包装印刷过程中使用的专色，通常也可以通过四色叠印的方式复制出来，请利用 Illustrator 软件模拟用四色叠印复制 PANTONE CMYK Coated 色卡中"PANTONE P 174-16C"的专色。

## ◉ 知 识 链 接 ............................................................. ◎

### 知识点1　色料三原色

　　色料是指本身具有一定的颜色，并能使其他物体着色的物质。色料有天然的，也有人工合成的。色料主要分为染料和颜料两大类。染料能够在水或其他溶剂中溶解，通常应用于纺织、塑料、橡胶、造纸和食品工业；而颜料是不溶于水、油和其他溶剂的，如印刷油墨、打印机墨水等。

色料按照不同的比例混合可以产生新的混合色。例如，将品红色和黄色油墨混合，就能够产生红色，为什么品红色和黄色油墨混合后会产生红色呢？根据物体选择性吸收成色原理可知，品红色油墨在白光照射下，会吸收白光中的绿光，反射红光和蓝光，而黄色油墨会吸收蓝光，最后只剩下红色光从混合的油墨中反射出来，因此，人们看到的混合色便是红色。人们将这种色料从入射光中减去一种或几种色光而呈现另一种颜色的方法称为色料减色法。

经色料减色法混合得出的颜色的亮度比原来的亮度低，因为色料混合后的反射光是各种混合色料分别吸收白光中相应光所剩余的色光。因此，经黄色与品红色油墨等量混合出来的红色的亮度要比黄色和品红色都要低；由青色和黄色油墨等量混合出来的绿色的亮度要比青色和黄色都要低；由品红色和青色油墨等量混合出来的蓝色的亮度比品红和青色都要低；由三原色油墨等量混合得到的黑色的亮度比任何一种原色都要低，如图 4-5 所示。

色料与色光虽然是完全不同的物质，但通过色料混合也可以产生很多颜色。在色光加色混合中，选用了红、绿、蓝三种色光作为色光匹配三原色。在众多的色料中，是否也存在几种基本的原色料，它们不能由其他色料混合而成，却能调配出其他各种色料的颜色呢？

为了确定色料混合的原色，人们做了大量的色料混合实验，最开始选择与色光三原色相同的红、绿、蓝三种色料进行实验，结果发现，用红、绿、蓝三种色料相互混合不能像色光三原色那样可以产生很多颜色，它们中的任意两种色料等量混合只能产生黑色。例如，将红色色料与绿色色料等量混合，因为红色色料会吸收白光中的绿光和蓝光，绿色色料会吸收白光中的红光和蓝光，结果白光照射在混合好的色料上时，几乎没有光被反射出来，色料呈现黑色。

通过这个实验发现，只有对光吸收少的色料才可能作为基本的原色料。具有这种特性的色料恰好是色光三原色红、绿、蓝的互补色——青、品红、黄三色。这三种色料均只能吸收白光光谱中 1/3 的色光，而反射或透射 2/3 的色光。例如，黄色色料可以选择性吸收白光中的蓝光，反射或透射红光与绿光，作用于人眼后产生黄色感觉；青色色料可以选择性吸收白光中的红光，反射或透射绿光和蓝光；而品红色料可以选择性吸收白光中的绿光，反射或透射红光与蓝光。采用黄、品红、青三种色料进行色料混合实验，人们发现，由黄、品红、青三种色料以不同的比例混合可以产生自然界中几乎所有的颜色，而且这三种色料本身不能用其他原色料混合出来。例如，将青和品红两种色料等量混合，可以产生蓝色，因为青色会选择性吸收白光中的红色光，而品红色料选择性吸收绿色光，结果只有蓝光可以反射或透射出来。如果将两种色料按不同比例混合，则可以产生从青到蓝再到品红之间的一系列颜色。同理，青和黄两种色料混合，品红和黄两种色料混合也可以产生众多颜色。将三种色料等量混合则可以产生从黑色到灰色再到白色的一系列非彩色，如果三原色不等量混合则产生带灰的不饱和彩色。

综合上面的色料混合实验结果，以黄、品红、青三种色料作为色料混合三原色，可以调配出自然界中几乎所有的颜色，而这三种色料不能由其他色料混合出来。因此，将黄、品红、青三种色料确定为色料三原色，如图 4-6 所示。

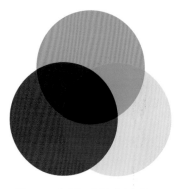

图 4-5　色料三原色混合效果

图 4-6　色料三原色

**学以致用**：敦煌莫高窟壁画是世界文化遗产，享有世界"东方美术馆"的美誉，为什么有些壁画颜色历经 1 600 多年依旧光彩如新不褪色？

## 知识点 2　色料减色混合类型

色料减色混合主要分为两种类型：一种是色料的调和，另一种是色料的叠合。

色料的调和是根据用色的要求，借助溶剂或油性连接料将两种以上的色料混合均匀，以获得所需颜色的方式，也就是常说的调色。色料的调和广泛应用于绘画、纺织、油漆和印刷行业。例如，印刷生产过程中，有些印刷品的生产需要印刷专色，这时就需要采用原色油墨或其他颜色油墨通过色料调和的方式预先调配出所需的专色油墨，然后上机印刷。如图 4-7 所示，将黄色油墨与品红色油墨进行调和，将产生红色油墨，白光作用在调和后的油墨上，油墨中的黄色色料会吸收白光中的蓝光，品红色料会吸收绿光，最后只剩下红色光透过调和后的油墨，因此，调和后的油墨呈现红色。

色料的叠合是指两层以上透明的色料层重叠在一起，再现新的颜色的成色方式。印刷生产中的四色套印就是采用这种方式来再现原稿上的颜色的。如图 4-8 所示，在白纸上先印刷一层黄色墨，再在黄色墨上印刷一层品红色墨，则印刷品就呈现红色。因为白光照射在印刷品上时，上面的品红色墨层先吸收了白光中的绿色光，白光中的红色光和蓝色光通过品红色墨层到达黄色墨层，而黄色墨层则又将蓝色光吸收了，最后只剩下红色光作用于白纸上，红色光被白纸反射并再次通过黄色墨层和品红色墨层，因而印刷品呈现红色。

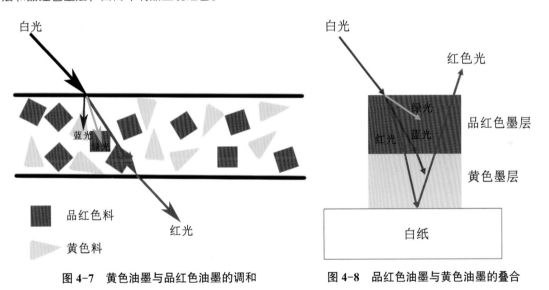

| 图 4-7　黄色油墨与品红色油墨的调和 | 图 4-8　品红色油墨与黄色油墨的叠合 |

**学以致用**：请利用色料减色混合规律绘制品红色与青色、青色与黄色油墨的叠合示意图。

## 知识点 3　色料减色混合规律

### 1. 间色形成规律

人们将由两种原色料混合得到的颜色称为间色，在颜色复制过程中又称为第二次色。红、绿、蓝是典型的三种间色，它们由色料三原色两两等量混合得到，如图 4-9 所示。

红、绿、蓝三种间色是经过两次减色后得到的，其形成过程可用下式表示：

$Y+M=R=W-G-B$ 呈现红色；

$Y+C=G=W-R-B$ 呈现绿色；

$C+M=B=W-R-G$ 呈现蓝色。

图 4-9    红、绿、蓝三种间色的形成

如果将三原色油墨两两以不同比例混合，则会得到一系列渐变的间色，所形成间色的色相取决于比例大的原色。例如，将黄色油墨与青色油墨相混合，两者比例相等时，产生绿色，若保持黄色量不变，逐渐减少青色的量，则可得到从绿色到黄绿色再到黄色的一系列颜色，若保持青色量不变，逐渐减少黄色的量，则会得到从绿色到青绿色再到青色的一系列颜色。同理，将黄色与品红色相混合，可得到从黄色到红色之间的一系列渐变的间色，以及由红色到品红色之间的一系列渐变的间色；将品红色与青色相混合则可以得到从品红色到蓝色再到青色之间的一系列渐变的间色。

### 2. 复色形成规律

三种原色料混合形成的颜色称为复色，在颜色复制过程中，也称为第三次色。复色可以用三原色混合得到，也可以利用两种及两种以上间色混合得到，还可以利用间色和原色混合得到。只要混合色中含有三种原色料的成分，它就是复色。

如果将黄、品红、青三种油墨等量同时混合，则产生黑色，如图 4-10 所示。

图 4-10    黑色的形成

三原色油墨等量混合效果呈现黑色，可用下式表示：

$$Y+M+C=K=W-R-G-B$$

当三原色等量混合，但三原色量同等比例逐渐减少时，则可得到由深到浅的一系列非彩色的灰色。

如果将三种原色料不等量混合，得到的复色就不再是非彩色，而是彩色。所得到的复色的明度和饱和度都会降低，因为它实际上由两部分组成：一部分是以最少的原色量为标准的三原色等量形成的灰色；另一部分则是除去上述部分的单色或间色部分，根据具体情况不同，复色的色相由除去灰色部分剩下的单色或间色部分决定。如图 4-11 所示，其中 A、B、C 分别代表三种原色料用量，形成的复色主要有以下三种情况：

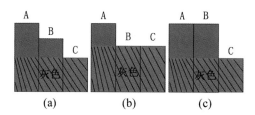

图 4-11    三原色不等量混合示意

如图 4-11（a）所示，当 A > B > C 时，以 C 为标准的三原色等量部分形成灰色，这一部分只影响复色的明度和饱和度，复色的色相由 A 和 B 的比例决定。

如图 4-11（b）所示，当 A > B = C 时，则以 B、C 为标准的三原色等量部分形成灰色，复色的色相直接由原色 A 决定。

如图 4-11（c）所示，当 A = B > C 时，则以 C 为标准的三原色等量部分形成灰色，复色的色相由 A 和 B 等量混合形成的间色决定。

### 3. 色料互补规律

在色光加色混合过程中，存在互补色光，在色料减色混合过程中也存在互补色料。只不过互补色光相混合产生白色，而互补色料相混合则产生黑色。当两种色料混合后能得到黑色，则这两种色料为互补色料。每种色料都有自己相应的互补色料，在图像复制过程中，有三对最典型的互补色油墨，它们分别是黄色油墨和蓝色油墨、青色油墨和红色油墨、品红色油墨和绿色油墨。但需要注意的是，两种互补的色料只有以适当的比例混合时才能形成黑色，如果以其他的比例混合时则会产生带灰的彩色。

在颜色复制过程中，色料互补规律有着重要的意义。在分色制版过程中，人们正是利用色料互补规律，分别采用红、绿、蓝三种滤色片来制得青、品红、黄三色印版的。在图像颜色校正及调墨工作中，也经常利用互补色规律来校正图像和油墨的色偏。

### 4. 色料代替律

在色光加色混合中，视觉相同的色光在颜色混合过程中可以相互替代，称为代替律。在色料减色混合中，也存在代替律，两种成分不同的色料，只要它们的视觉效果相同，在颜色调配过程中就可以相互替代。

色料代替律在颜色复制过程中同样有着非常重要的价值，尤其是在专色印刷中。假设需要印刷一个含有大面积红色的印刷品，可以采用黄色油墨和品红色油墨来叠印出这个大面积的红色，也可以直接用一个红色的专色墨来印刷这个红色，采用专色墨来印刷可以减少套印的次数，保证印刷的精度，还可以减少彩色油墨的用量。

**学以致用：** 既然利用色料三原色可以混合出自然界中几乎所有的颜色，为什么在实际印刷生产中使用的印刷机有四色印刷机、五色印刷机、七色印刷机，而且喷墨打印机还有九色打印机甚至十一色打印机？

知识点测试：色料减色混合规律

## ◎ 任务实施及评价 ······················································◎

任务实施

任务评价

## ◎ 拓展训练 ···································································◎

请选择合适的油墨调配出图 4-12 中的几种颜色，并记录匹配这些颜色所需的各种油墨的比例。

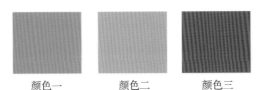

颜色一　　　　颜色二　　　　颜色三　　　　颜色四

**图 4-12　颜色调配**

## 任务三 颜色分解

### ◎ 任务描述

中国水墨画多以水墨为主，墨随水流，水随纸化是水墨画的神韵，为了很好地再现墨流水化的痕迹和墨色的丰富变化，请选择一幅中国水墨画的数字原稿，在 Photoshop 软件中，分别利用 UCR 工艺和 GCR 工艺进行彩色打印输出，比较分析不同的黑版生成量对打印效果的影响，确定最适合于中国水墨画的分色工艺。

### ◎ 知识链接

#### 知识点 1 印刷原稿

印刷复制过程实际上是一个颜色的复制过程，因为原稿上所有的图像、图形和文字都是通过不同的颜色表现出来的。印刷图像的颜色复制是基于色料减色混合原理，通过黄、品红、青、黑四种油墨以不同比例组合来再现原稿上的所有颜色。这就需要将原稿上的各种颜色信息分解为代表黄、品红、青、黑四种油墨量大小的影像信息。

从图像复制的角度来说，原稿是需要复制的对象，是图像复制的基础和依据。在图像复制过程中，会接触到很多原稿，其内容也各不相同，通常可以将它们分为实物原稿和数字原稿两类。

##### 1. 实物原稿

实物原稿是"看得见摸得着"的实物图像，如照片、照相底片、印刷品、画等。它必须经过感光设备采样（扫描或拍摄）才能变成电子文件供印前排版处理。实物原稿按其光学性质可分为反射稿和透射稿。

反射稿通常包括照片、画稿、印刷品和实物等，它们以不透明材料为图文信息载体，光线照在它们表面，一部分被吸收，另一部分被反射到人的眼睛里，让人们感觉到它们的颜色。

透射稿是指那些以透明材料为图文信息载体的原稿，光线透过它们让人们感觉到颜色。通常包括正片、负片、反转片和黑白底片，如图 4-13 所示。其中，正片是由负片拷贝得到，它与被摄物的颜色一致，因为有两次成像和两次冲洗加工，使其影像质量不如反转片，一般仅用于做幻灯片。负片就是平时拍照留念用的普通胶卷，黑白颠倒，彩色与被摄物互为补色（如被摄物的红色在底片上变为青色，被摄物的黄色在底片上变为蓝色，被摄物的品红色在底片上变为绿色），但在冲洗或扫描的过程中，设备又可以将颜色反转过来。反转片是专业摄影师所使用的高反差底片，拍摄后的颜色与被摄物一致，扫描时不需要反转颜色，因此能更好地保留颜色信息，层次比负片更丰富，细节分辨力更高，是比较理想的原稿。

正片

负片

反转片

黑白底片

图 4-13 透射原稿

实物原稿按阶调层次分布情况还可分为连续调原稿和半色调原稿。

连续调原稿包括画稿、照片、摄影底片等，其图像阶调从明到暗是连续变化的。颜色由紧密结合的极其微小的色料颗粒构成，肉眼和放大镜都难以分辨这些颗粒。连续调原稿可以容纳较为丰富的颜色信息。

半色调原稿的图像阶调从明到暗的变化不连续。虽然看起来它的颜色好像是连续渐变的，但在放大镜下可以看到颜色是由离散的网点组成的。最常见的半色调原稿就是印刷品。

### 2. 数字原稿

数字原稿是指用一系列离散的数值记录在计算机存储介质中的图像。它们已经是电子文件，不需要感光设备采样得到，数字原稿的图像信息可以永久保存。在计算机里存储的图像、图库光盘里的图像、数码相机拍摄的图像、网页上下载的图像都属于数字原稿。

图库光盘一般是指获得了版权许可的图片集。正版图库光盘的生产商已经从图片作者那里购买了版权，将这些图片用于宣传册、海报和包装等印刷品是合法的，图库光盘有单张的，也有成套的，通常按图片内容分为人物、风景、花卉、食品、日常用品和电子产品等。

网上图片很容易获取，网上有很多图片可供选择，百度、Google、雅虎等很多网站都有图片搜索引擎，可以通过关键词来寻找图片，但通常搜集的图片分辨率低，画质差，还有可能涉及版权问题。网上也有很多正规的图库网站，它们可以提供有版权许可的图片，但使用时通常需要支付一定的费用；也有一些图库网站提供的图库并不是正规的版权图库，它们是由一些网友免费收集或上传的，使用时可能存在版权隐患。网上图片并不是都能用于印刷，使用时要注意它们的分辨率、阶调层次以及是否存在严重的色偏。

数码照片是利用数码相机拍摄的数字图像。采用数码照片可以避免网上图片的诸多问题，又可以免去冲洗、扫描的麻烦，现已成为数字原稿的一个重要来源。一般来说，一部 500 万像素的数码相机可以拍摄到 2 500 像素 ×2 000 像素的大照片，可以满足一般印刷品的需要，对于高档杂志和画册的图像复制来说，通常需要更高端的专业数码相机。

**学以致用**：相对于实物原稿来说，数字原稿有何特点？使用数字原稿时要注意版权问题，为了保护数字原稿的版权，通常需要在数字图像中嵌入数字水印，为了防止数字图像被非法复制，嵌入的数字水印应该满足哪些要求？

知识点测试：印刷原稿

## 知识点 2　灰平衡

在理想状态下，黄、品红、青三色油墨等量混合会产生中性灰，但在实际生产中，由于油墨和纸张的缺陷，以及印刷工艺参数的控制不当，三原色油墨以等量比例叠印，结果并不能获得中性的灰色。例如，在理想状态下，三原色油墨的光谱反射率曲线如图 4-14 所示，青、品红、黄三色油墨应该各自都吸收光谱上 1/3 的光，而将剩余的 2/3 的光完全反射，但印刷生产中使用的油墨的光谱反射率曲线，如图 4-15 所示。很明显，实际使用的三原色油墨均存在不理想吸收，它们都在本应该完全反射的光谱部分吸收了一部分光。因此，必须根据油墨以及纸张的实际性能改变三原色油墨的混合比例，才能正确再现各级灰色，人们将这种以适当的三原色比例印刷出从高光到暗调的不同深浅灰色的做法称为印刷灰平衡。

由于中性灰色只有明度的变化，没有色相和饱和度，如果中性灰偏彩色，人眼很容易觉察出来，因此，灰平衡是印刷生产过程中控制印刷品质量的重要手段。在分色过程中，无论是采用底色去除工艺还是采用灰成分替代工艺，都必须在特定油墨和纸张的灰平衡基础上进行，否则就容易产生色偏。例如，在某一印刷条件下，将 RGB 色彩模式下的 RGB 值为 128、128、128 的中性灰转换到 CMYK 色彩模式下，如果没有黑色，其 CMYK 值为 57%、48%、45%、0%，如果不考虑灰平衡问题，用 20% 的黑色等量替代由 20% 的黄色、20% 的青色和 20% 的品红色混合出来的灰色，则转换后的 CMYK 值为 37%、28%、25%、20%，但转换前后两种颜色有明显的差别。如图 4-16 所示，因为 20% 的黑色与由 20% 的黄色、20% 的青色和 20% 的品红色混合出来的颜色不是等效的，如果考虑灰平衡，用 33% 的黑色等效替代由 20% 的黄色、15% 的青色和 15% 的品红色混合出来的灰，转换后的 CMYK 值为 37%、33%、30%、33%，且转换前后颜色没有差别。

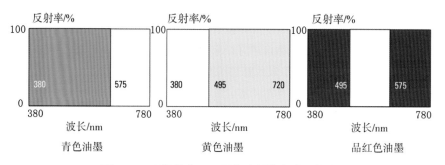

图 4-14　理想状态下三原色油墨的光谱反射率曲线

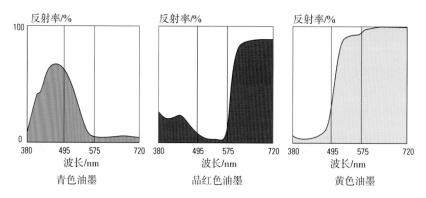

图 4-15　实际使用的三原色油墨的光谱反射率曲线

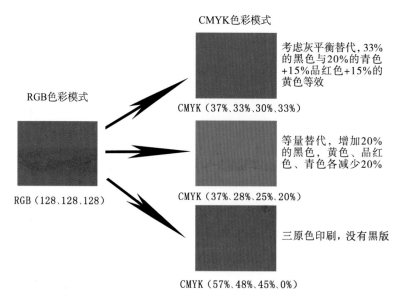

图 4-16　分色过程中的不同黑版量计算

因此，在分色过程中，要确保原稿上的颜色被准确再现，必须考虑灰平衡问题。在计算黑版墨量时，应该用黑色油墨等效取代由黄、品红、青三色油墨形成的中性灰。这就要求在分色时必须掌握印刷生产过程中的灰平衡数据。表 4-1 为某印刷条件下的灰平衡数据，如果以三原色油墨适当比例混合得到的各级灰色的密度值为横坐标，以混合出各级灰色所需三原色的网点百分比为纵坐标，则可绘制出特定印刷条件下的灰平衡曲线，如图 4-17 所示。

**表 4-1　灰平衡数据**

| 青 | 5 | 10 | 20 | 30 | 40 | 50 | 60 | 70 | 80 | 90 | 100 |
|---|---|---|---|---|---|---|---|---|---|---|---|
| 品红 | 3 | 6 | 14 | 23 | 33 | 42 | 57 | 63 | 74 | 83 | 94 |
| 黄 | 3 | 6 | 13 | 22 | 32 | 41 | 55 | 61 | 73 | 82 | 94 |

**学以致用**：在每个印刷厂的数字化标准建立的过程中都需要有自己的一套灰平衡数据，思考一下印刷过程中为什么要控制灰平衡？

## 知识点 3　分色工艺

颜色的分解就是根据色料减色法原理，利用红、绿、蓝三种滤色片对不同波长的色光所具有的选择性吸收特性，将原稿画面分解为品红、黄和青三原色及黑色四种单色影像信息。

**图 4-17　灰平衡曲线**

### 1. 分色方法

根据色料减色混合原理，利用黄、品红、青三种色料几乎可以混合出所有颜色。假设原稿上每种颜色都是由黄、品红、青三色油墨以一定的比例混合出来的，由于黄色油墨会吸收蓝色光，反射红光和绿光，品红色油墨会吸收绿色光，反射红光和蓝光，青色油墨会吸收红色光，反射绿色光和蓝光，因此，可以用蓝光照射原稿，根据原稿中每种颜色对蓝光的吸收量来获得每种颜色中青色油墨的比例，同理，利用绿光和红色光分别照射原稿，可获得原稿中品红色油墨和青色油墨的比例。当用蓝光照射原稿时，原稿上能由品红色油墨和青色油墨混合出来的颜色将反射蓝光呈蓝色，由黄色油墨参与混合出来的颜色会吸收蓝光呈黑色，整个原稿颜色呈蓝—黑色调，黑色部分则对应着黄色油墨的墨量分布，越黑的部分对应黄色油墨量越大；当用绿光照射原稿时，整个原稿颜色呈绿—黑色调，黑色部分则对应品红色油墨的墨量分布；用红光照射原稿时，整个原稿颜色呈红—黑色调，黑色部分对应青色油墨的墨量分布，如图 4-18 所示。在印刷图像复制技术的发展历程中，颜色的分解经历了从照相分色到电子分色机分色再到扫描分色的发展过程。

   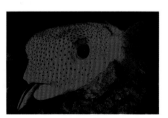

原稿　　蓝光照射（黑色对应黄色油墨墨量分布）　　绿光照射（黑色对应品红色油墨墨量分布）　　红光照射（黑色对应青色油墨墨量分布）

**图 4-18　分色原理**

（1）照相分色。照相分色是最早采用的分色技术，利用照相制版机将原稿上的颜色信息分解成黄、品红、青和黑四种颜色信息，并记录在四张菲林片上。图 4-19 所示为照相分色制版机结构图，将原稿固定在原稿固定架上，照相分色制版机有两组光源，可分别用于反射原稿和透射原稿的分色，光源照射在原稿上，经反射或透射后的光通过滤色片，再通过镜头在菲林上曝光，制黄版时用蓝色滤色片曝光，制品红版时用绿色滤色片曝光，制青版时用红色滤色片曝光，制黑版则依次采用红、绿和蓝三种滤色片分别按整体时间的 1/3 曝光，曝光后的菲林片经过显影后形成各色版的阴图分色片，如果将各色版阴图分色片作为原稿翻拍则可获得阳图分色片。图 4-20 所示为某一正片原稿利用照相分色制版方法制作黄、品红、青和黑四色版分色片的图解。

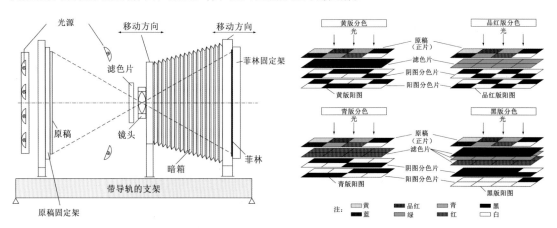

图 4-19　照相分色制版机结构图　　　　图 4-20　黄、品红、青和黑四色版分色片的制作

（2）电子分色机分色。电子分色机分色是采用电子分色机的电子扫描功能将彩色原稿分解成黄、品红、青和黑四色信息，并记录在菲林片上。电子分色机由扫描系统、计算机处理单元和记录系统组成，如图 4-21 所示。将原稿紧贴在高速旋转的扫描滚筒上，扫描头沿滚筒轴向移动，按螺旋方式对原稿进行逐行扫描，在扫描头内部，利用半透射镜将扫描光束分割成四个单独的光束，其中三束穿过光孔，并分别通过一个滤色片（红、绿、蓝）后，到达各自的光电倍增管，第四个光束直接穿过一个较大的光孔，即虚光光孔，到达第四个光电倍增管，光电倍增管将光信号转换为模拟电流信号，分别形成用于制作黄、品红、青版的蓝光图像信号、绿光图像信号和红光图像信号，以及用于图像细微层次强调的虚光信号，如图 4-22 所示。光电倍增管形成的图像信号输入到计算机处理单元，经图像运算处理和修正加工后，再转变为光信号通过激光束记录在滚筒上的菲林片上。与照相分色不同的是，电子分色机分色的黑版不是直接由滤色片分色得到的，而是由校正后的黄、品红、青三色版信号经过黑版计算产生的。

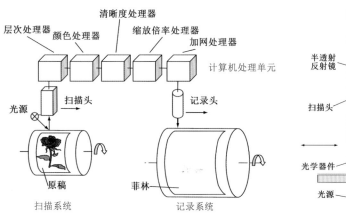

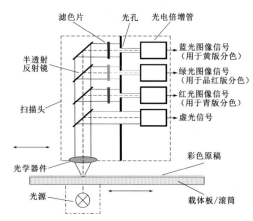

图 4-21　电子分色机的结构　　　　　　图 4-22　电子分色机分色原理

（3）扫描分色。扫描仪是在电子分色机分色的基础上发展来的，但不像电子分色机那样只能把一种模拟图像（原稿）转化成另一种模拟图像（菲林），它可以将模拟图像转换为数字图像，扫描分色就是利用扫描仪将原稿图像信息转换为由红、绿、蓝三个通道的单色信息组成的数字图像，如图 4-23 所示。在 Photoshop 中将图像的色彩模式转换成 CMYK 模式，软件就自动将图像分解为印刷的黄、品红、青和黑四个通道，如图 4-24 所示。利用激光照排机或计算机直接制版机输出，就可得到印刷的黄、品红、青和黑四张菲林片或四块色版。

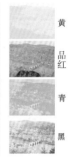

图 4-23　RGB 色彩模式　　　　　图 4-24　CMYK 色彩模式

在现代图像复制过程中，常用的扫描仪有平板扫描仪和滚筒扫描仪两种。

平板扫描仪工作原理如图 4-25 所示，左图为扫描反射稿，右图为扫描透射稿。扫描时，扫描头以微小的步距移动，逐行对原稿进行扫描，扫描头的光源照射在原稿上，原稿反射或透射的光通过反射镜，再经过光学镜头作用在感光元件上，感光元件（图 4-26）由三条分别贴有红、绿、蓝三种滤色片膜的 CCD 组成，三条 CCD 感光元件分别将收到的光信号转换为电流信号，再通过扫描仪的模数转换器，将红、绿、蓝三种电流信号转换为数字信号输入计算机中，就形成了由红、绿、蓝三个通道组成的 RGB 色彩模式的数字图像。

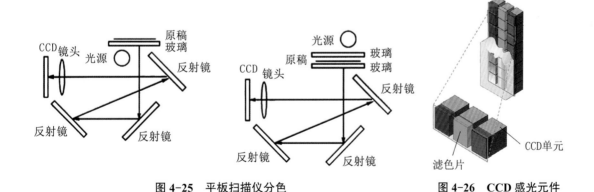

图 4-25　平板扫描仪分色　　　　　　图 4-26　CCD 感光元件

滚筒扫描仪的工作原理与电子分色机相似，不过滚筒扫描仪没有记录系统，形成的图像信号为数字信号，其扫描分色原理如图 4-27 所示。与电子分色机相同，滚筒扫描仪采用的感光元件也为光电倍增管，将原稿紧贴在高速旋转的扫描滚筒上，扫描头沿滚筒轴向移动，按螺旋方式对原稿进行逐行扫描，原稿透射的光通过扫描物镜及光孔作用在干涉滤色片上，由干涉滤色片分为红、绿、蓝三束光并分别经红、绿、蓝三种滤色片进一步滤色后作用在光电倍增管上，光电倍增管将光信号转换为电流信号，并通过信号放大器将信号增强，最后通过模数转换器，将放大后的红、绿、蓝三种电流信号转换为数字信号并输入计算机中，形成 RGB 色彩模式的数字图像。

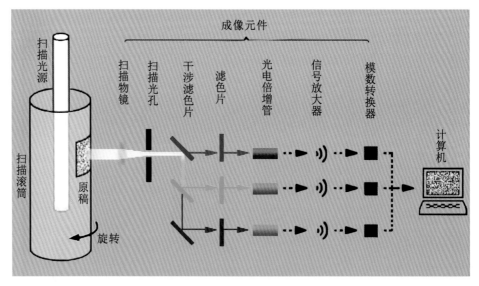

**图 4-27　滚筒扫描仪分色**

### 2. 底色去除与灰成分替代

根据色料减色混合原理，利用黄、品红、青三种油墨几乎可以混合出所有的颜色，但实际生产中仅用黄、品红、青三色油墨来还原原稿的颜色容易造成诸如，黑色的细小文字难以套准、油墨太厚不容易干燥、图像暗调层次不够丰富，以及印刷图像容易偏色等问题。因此，在实际印刷生产中，增加了黑色油墨，即采用黄、品红、青和黑四色油墨来再现原稿的颜色。增加黑色油墨后，黑色的文字就可以直接用黑版进行印刷，而避免了三色套印，根据色料减色混合的代替律，还可以用黑色油墨来替代一些颜色中由黄、品红、青三色油墨形成的灰色部分，从而降低彩色油墨的墨量，这样就可以降低印刷品上的墨层厚度，提高印刷品干燥速度，并降低印刷成本。在四色印刷中，既可以用黑色油墨全部取代黄、品红、青三色油墨形成的灰色，也可以是部分取代，取代的程度不同，黄、品红、青、黑四色版的墨量也不同。根据黑色油墨取代彩色油墨的方式不同，实际印刷图像复制过程中存在底色去除和灰成分替代两种分色工艺。

（1）底色去除。底色去除（Under Color Removal, UCR）是在图像的暗调部分用黑色替代由黄、品红、青三色油墨形成的中性灰或接近中性灰的部分，以适当减少三种彩色油墨的一种分色工艺。

采用 UCR 分色工艺，黑版只在图像的暗调部分起作用，如图 4-28 所示。例如"R：34 G：50 B：45"这样的深颜色在 UCR 方式下转换成 CMYK 后会有黑色成分，但像"R：156 G：134 G：160"这样的中间调颜色在 UCR 方式下转换成 CMYK 就不含黑色。

黑版的墨量可用下式计算：

$$K=S-1/k\left(L-S\right) \tag{4-1}$$

其中，L 代表三原色油墨的最大值；S 代表三色油墨的最小值；k 代表可选定的一个比例常数；K 代表黑版油墨量。例如，当 k 取 10 时，由 80% 的青色油墨、90% 的品红色油墨及 40% 的黄色油墨叠印出来的某一颜色，如果采用青、品红、黄和黑四色油墨印刷时，各色版的墨量可计算得：青色油墨为 50%，品红色油墨为 68%，黄色油墨为 18%，黑色油墨为 35%，如图 4-29 所示。

图 4-30 所示为原稿采用底色去除分色工艺得到的黄、品红、青、黑四色版墨量信息，可以看出，在原稿的亮调和中间调部分，没有黑色墨量，这些部分的颜色由黄、品红、青三种油墨叠印出来，黑色油墨只参与图像暗调部分颜色的还原。

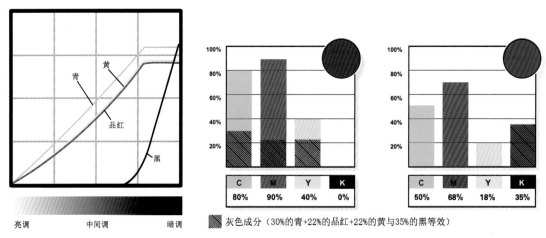

图 4-28  UCR 工艺分色曲线　　　　　图 4-29  底色去除的黑版墨量计算

（2）灰成分替代。灰成分替代（Gray Component Replacement，GCR）工艺是将图像中从高光到暗调整个阶调范围内所有颜色灰色成分的一部分或者全部用黑色油墨替代。采用 GCR 工艺，黑版在图像的整个阶调都可以起作用，如图 4-31 所示，相对于 UCR 来说，GCR 的黑版阶调更长。

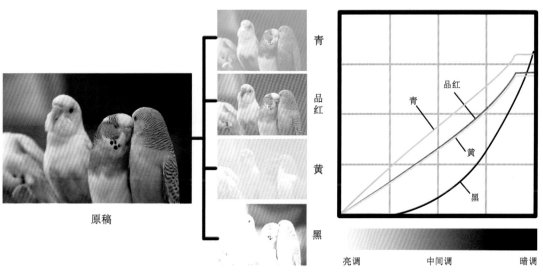

图 4-30  底色去除分色工艺　　　　　图 4-31  GCR 工艺分色曲线

与 UCR 工艺相同，采用 GCR 工艺也必须借助灰平衡数据，用黑色油墨等效替代由彩色油墨叠印形成的中性灰。不过应用 GCR 工艺时，灰色成分的替代量是可以在 Photoshop 中进行设置的。如图 4-32 所示，选择不同的替代量后，GCR 工艺的分色曲线会发生相应变化，灰成分替代量越大，黑版曲线越升高，彩色曲线越降低，即彩色油墨用量减少，黑色墨量增加；如图 4-33 所示，当灰成分替代量设置为最大值时，将会用黑色油墨完全替代彩色油墨叠印形成的中性灰色，这种工艺又称为非彩色结构，这时，原稿上的任意一个颜色最多只能由两种彩色油墨加黑色油墨叠印而成，印刷品上不会出现三种彩色油墨同时叠印的情况，更不会出现四色油墨的同时叠印。

如图 4-34 所示为 UCR 分色工艺与不同替代量的 GCR 分色工艺的比较，可以看出，即使选择较少的替代量，GCR 工艺的黑版也可以在图像的整个阶调范围内对所有含有灰成分的颜色起作用，而 UCR 工艺的黑版只能在暗调部分对中性灰或接近于中性灰的颜色起作用，当采用非彩色结构时，黑版墨量明显增加，而彩色油墨的墨量大大减少。因此，相对于 UCR 工艺来说，GCR 工艺进一步增强了黑版在图像复制中的作用，使黑版从原来的辅助地位上升为主色版，黑版不仅起着控制整个图像阶调层次的作用，还起着稳定颜色的作用。

图 4-32　GCR 工艺黑版墨量设置

知识点测试：分色工艺

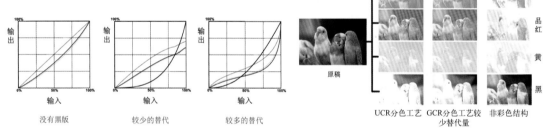

图 4-33　不同替代量的分色曲线　　　　图 4-34　UCR 与 GCR 比较

**学以致用**：水彩画主要用水调和颜色绘制，颜色透明、轻快、变化丰富、水色渗润。在进行水彩画复制时采用哪种分色工艺比较合适？

## ◉ 任务实施及评价 ································································ ⊙

任务实施

任务评价

## ◉ 拓展训练 ······························································· ⊙

请利用颜色分解原理分析图 4-35 中 A、B、C、D 四张图片分别是原稿对应哪一个色版的颜色。

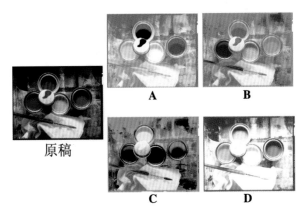

图 4-35　色版鉴别

## 任务四　颜色传递

### ⦿ 任务描述

在 Photoshop 软件中，对一幅数字原稿进行模拟加网处理，分别用调频加网和调幅加网方式生成该数字图像的黄、品红、青、黑四个色版的网点信息，比较分析两种加网方式最终四个色版混合出来的图像复制效果。

### ⦿ 知识链接

#### 知识点 1　网点的作用与分类

通过颜色的分解将原稿上所有的颜色分解为由黄、品红、青和黑四个色版表示的颜色信息，利用激光照排机或者计算机直接制版机将黄、品红、青、黑四种单色影像成像在菲林片或印版上，这就是颜色的传递。大多数印刷工艺都不可能通过改变油墨的浓度或者墨层厚度来再现原稿上浓淡不同、深浅不一的颜色。例如，在平版印刷的印版上，只有着墨和不着墨两种状态，也就是说只能再现有色和无色两个层次，而且着墨和不着墨部分几乎在一个平面上，因此，平版印刷只能通过调节着墨部分和不着墨部分的面积来表示颜色。为了达到这一目的，通常将原稿的连续调图像分割成各自独立的能够着墨的网点，并利用着墨网点的大小和数量来表示颜色的浓淡和深浅变化。因此，在颜色的传递过程中，黄、品红、青、黑四种色版信息必须以网点的形式成像在菲林片或印版上，这一过程又称为加网。

##### 1. 网点的作用

在印刷图像复制中，网点是组成图像的基本单位。印刷复制就是通过网点面积大小或网点的疏密变化来控制四色油墨墨量的变化，从而再现原稿上颜色浓淡变化的效果。其作用包含以下几点：

（1）组织颜色。四色印刷是通过黄、品红、青、黑四色油墨网点以不同比例混合来再现原稿颜色的，比例不同所表现的颜色也不同。四色油墨以不同的网点比例混合可以复制出自然界中几乎所有的颜色，因此，网点可以起到组织图像颜色的作用。

（2）接收和转移油墨。在印刷过程中，网点是可以接收和转移油墨的基本单位，网点越多，所占面积越大，则接收和转移承印物上的油墨就越多，再现的颜色就越深，因此，网点可以起到调节墨量大小的作用。

（3）表现图像阶调。通过加网可将原稿上阶调连续变化的图像分割成由单个小点组成的图像，从微观上看，这些网点是不连续的，但由于网点的间距小于人眼的视觉辨认极限，所以从宏观上看，由这些细小网点组成的图像仍然是连续的，因而可以逼真地再现原稿连续变化的阶调层次。如图 4-36 所示，左边是宏观上的图像效果，右边是放大的图像效果。

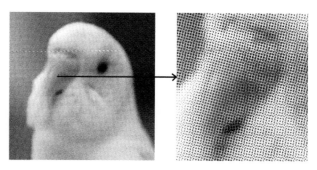

图 4-36　网点表现图像阶调

### 2. 网点的分类与特性

在印刷图像复制中有两种不同的网点形式，一种是调幅网点，另一种是调频网点。

（1）调幅网点。调幅网点是指单位面积内网点的数量恒定不变，通过改变网点大小来表现原稿上图像的明暗层次。对应于原稿颜色深的部位，即暗调部分，印刷品上网点面积大，接受的油墨量多；对应于原稿颜色浅的部位，即亮调部分，在印刷品上网点面积小，接受的油墨量少，这样便可通过网点的大小反映图像的深浅，如图 4-37 所示。

暗调　　　　　　　　中间调　　　　　　　亮调

图 4-37　调幅网点表现图像层次

调幅网点有以下几个特性：

①网点覆盖率。油墨的面积占单元面积的百分比，通常用百分数来表示，故也称为网点百分比，如图 4-38 所示为不同网点百分比的网点。

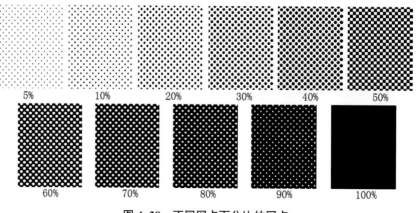

图 4-38　不同网点百分比的网点

通过网点百分比可以表示图像的明暗层次。例如，图像的暗调部分，网点百分比的范围为70% ~ 100%；中间调部分，网点百分比的范围为30% ~ 70%；亮调部分，网点百分比的范围为0% ~ 30%。

②网点角度。网点角度也称为网线角度，是指相邻网点中心连线与水平线的夹角，一般以逆时针方向测得的角度作为网点的排列角度，如图4-39所示。

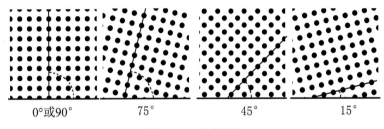

图4-39　网点角度

在印刷复制中，彩色印刷品是由四色或四色以上的油墨套印而成的，每种颜色的网点都有特定的角度，各色印刷版上网点都是按周期排列的，相互叠印必然产生莫尔条纹，在印刷中俗称"龟纹"，龟纹会影响图像的质量。图4-40（a）所示为青版加网角度为70°，品红版加网角度为75°时，60%的青与50%的品红叠加产生的龟纹；图4-40（b）所示为青版加网角度为45°，品红版加网角度为15°时，60%青与50%品红叠加产生的龟纹。通过比较可以看出，图4-40（b）产生的龟纹比较美观，对图像的影响也比较小。

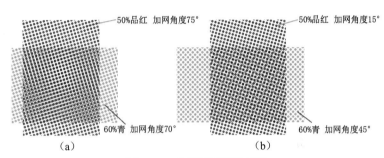

图4-40　龟纹对图像的影响

根据龟纹的产生规律，网点角度差越小，龟纹对图像的影响就越严重。研究发现，当网点角度为30°时，产生的花纹最美观，对图像质量的影响最小，因此，在印刷过程中为了避免在叠印时出现明显的龟纹，尽量使四色版的网点角度差为30°。然而，四色版网点角度实际上只能在0° ~ 90°安排，因为当网点角度大于90°时，总是与0° ~ 90°的某一角度的网点排列方式是相同的，例如，165°和75°、105°和15°、135°和45°。但在90°范围内是不可能安排四个都相差30°的网点角度的，因此，在实际印刷生产中，常把四色版的网点角度安排为：0°（90°）、15°、45°、75°，其中0°和90°是相同的。考虑到黄色是与纸张白色亮度比较接近的颜色，属于弱色，即使与其他颜色叠印产生龟纹，龟纹也不会很明显，因而对图像的影响较小，所以在实际印刷生产中常把黄色版安排在90°或0°，其他三个色版分别安排在15°、45°、75°三个网点角度，如图4-41所示，保证它们之间的夹角等于30°，在安排这三个网点角度时，通常把主色版安排在45°，因为从视觉效果上来看，45°是被认为最美观的网点角度。

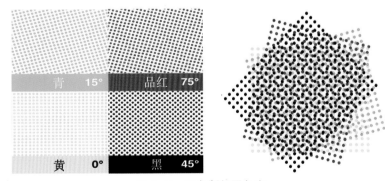

图4-41　四色版加网角度

③加网线数。加网线数又称为网屏线数，是指沿网点角度方向，单位长度内的网线行数，即网点数，单位为线/英寸（lpi）或线/厘米（lpc）。加网线数越高，单位面积内容纳的网点个数越多，图像细微层次表达越精细；加网线数越低，图像细微层次表达就越粗糙。印刷中常用的加网线数有：80 lpi、100 lpi、120 lpi、133 lpi、150 lpi、175 lpi、200 lpi。图4-42所示是一副图像分别采用

80 lpi、120 lpi、175 lpi 和 300 lpi 的复制效果。

80 lpi　　　　　120 lpi　　　　　175 lpi　　　　　300 lpi

**图 4-42　加网线数对图像质量的影响**

一个视力为 1.0 的人，能够分辨物体细节的视角为 1′，当视距为 25 cm 时，物像大小为 0.073 mm。因此，在印刷中如果两个网点之间的距离小于 0.073 mm 时，人眼就分不清单个网点了，从而产生连续调的视觉效果。印刷中当加网线数为 175 lpi 时，网点之间的距离正好为 0.073 mm，只有加网线数大于 175 lpi 时，在正常视距观察时，印刷品才有比较好的视觉效果，因此，在印刷过程中精细印刷品往往要采用高于 175 lpi 的加网线数，如 200 lpi。

④网点形状。网点形状通常是指 50% 网点的形状。常用的网点形状有方形、菱形、椭圆形、圆形等，如图 4-43 所示。

方形网点　　　　菱形网点　　　　椭圆形网点　　　　圆形网点

**图 4-43　网点形状**

由于光线的作用和冲洗加工过程使方形网点的方角受到冲击，方形网点只有在 50% 处才成正方形，在 40% 左右的网点成方圆形。方形网点在 50% 处网点边长最大，网点与网点之间的方角处于若即若离的状态，如图 4-44 所示。在印刷时，50% 处网点增大量最大，造成图像中间调出现明显的密度跳级，使中间调过渡性差。

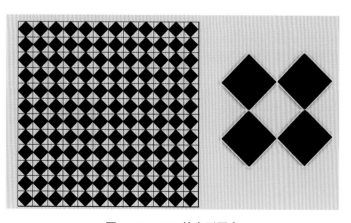

**图 4-44　50% 的方形网点**

菱形网点对角线是不等的，因而网点搭角不在 50% 处，当长轴搭角时，网点百分比大概在 35% 处；短轴搭角时，网点百分比大概在 65% 处，这时长轴早已经搭角。因此菱形网点在 35% 和 65% 处分别有一次密度跳级，但每次密度跳级都比方形网点在 50% 的密度跳级幅度小，因而，采用菱形网点可以表现出比较平滑的阶调过渡，使图像层次显得柔和、丰富。

圆形网点表现图像时，图像的中、高调处的网点不会搭角，即是孤立的，只有在暗调部分互相接触。因此，在中、高调网点增大量比较小，图像的中间层次表现比较好，但在暗调处网点接触时，不是角对角而是弧线接触，因而暗调区域网点增大量比较严重而导致油墨在周边堆积，使图像暗调部分失去应有的层次。

（2）调频网点。调频网点是通过变化固定大小的网点的分布密度和分布频率来表现图像的阶调层次的，在单位面积内网点大小相同，但网点的疏密不同。如图 4-45 所示，网点密集的地方图像颜色深，表现为图像的暗调，网点稀疏的地方，图像颜色浅，表现为图像的亮调。

调频加网是 20 世纪 90 年代产生的，它是利用计算机，在硬件和软件的配合下形成的，网点在空间的分布没有规律，为随机分布。无需考虑加网线数、网点角度和网点形状三个要素，只要考虑网点尺寸这一要素，不会出现龟纹，也不会出现中间调明显的密度跳跃，可以表现更加丰富的图像层次。但由于调频网点在整个阶调内网点大小都一样，相当于调幅加网的 10% 的网点大小，在表现图像的高光部分时，容易显得有颗粒感。如图 4-46 所示，在图像中比较亮的地方可以看到很小的网点，因而影响图像的质量。

暗调　　　　　　　　中间调　　　　　　　　亮调

图 4-45　调频网点表现图像的层次

图 4-46　调频网点表现图像的阶调

知识点测试：网点的作用与分类

**学以致用**：调频网点相对于调幅网点来说有哪些优点和缺点？在实际生产中如何选择调频加网和调幅加网？

## 知识点 2　网点的生成

在颜色的传递过程中，将原稿上阶调连续变化的图像信息转换为以网点组成的图像信息，通常有两种加网方法，一种是使用传统的玻璃网屏或接触网屏对原稿图像进行加网，另一种则是直接在计算机中进行数字加网。

### 1. 传统加网

传统加网是指借助玻璃网屏或接触网屏通过照相制版机在菲林片上形成网点影像，主要应用于调幅网点的生成。

玻璃网屏是由两块雕刻有等宽黑白线条的玻璃板面对面垂直交叉黏合而形成的。玻璃网屏的结构以及加网过程如图 4-47 所示，照相前需将玻璃网屏放在菲林片前的几毫米处，由于玻璃网屏每个单元中黑色占 3/4，原稿反射或透射的光经过镜头后，再通过玻璃网屏时，仅有 1/4 的光量通过，在菲林片上形成离散的网点影像，网点面积的大小取决于透过光量的多少，透过光量大，形成的网点面积就大，反之网点面积则小。通过旋转玻璃网屏，可获得不同网点角度的网点。

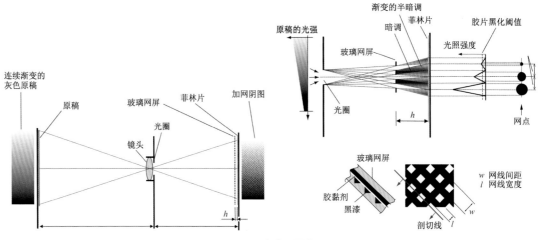

图 4-47　玻璃网屏加网

接触网屏是经曝光显影的胶片，胶片上排列着中心密度高、边缘密度低且无明显边界的虚晕小点，如图 4-48 所示。小点的个数与加网线数是一致的，使用时接触网屏与菲林片紧密接触，光线通过接触网屏时，可根据原稿的密度高低在菲林片上形成与原稿密度相应的大小不等的网点，如图 4-49 所示。

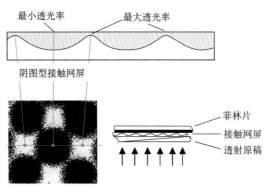

图 4-48　接触网屏加网

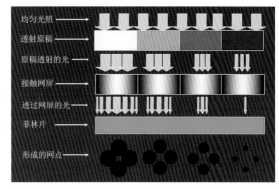

图 4-49　不同面积大小的网点生成

### 2. 数字加网

数字加网是现代印刷图像复制普遍采用的加网方法，它是利用光栅图像处理器（Raster Image Processor，RIP）将原稿的连续调图像分割成网点，并转换为激光照排机或计算机直接制版机能够记录的高分辨率图像点阵信息，并记录在菲林片或印版上，利用数字加网技术既可以生成调幅网点，也可以生成调频网点。

（1）调幅网点的生成。数字加网生成调幅网点时，需要将一个网目调单元划分为更细小的网格，这个网格称为记录栅格。每个网点都由有限个记录栅格曝光组成，如图 4-50 所示，一个网目调单元由 196 个记录栅格组成，其中的 52 个曝光形成网点面积率约为 26.5% 的网点，如果 196 个记录栅格全部曝光，则形成的网点面积率为 100%。

组成网目调单元的记录栅格可大可小，这取决于输出分辨率的大小，分辨率越高，记录栅格就越小，图 4-51 所示为不同输出分辨率下的网目调单元。网目调单元中记录栅格的多少决定了网点轮廓形状接近理想形状的程度，记录栅格越多，生成的网点越接近理想的形状。

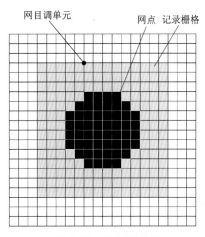

图 4-50 网目调单元

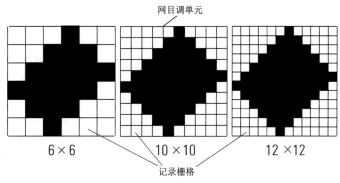

图 4-51 不同输出分辨率下的网目调单元

数字加网生成调幅网点的方法有很多，如阈值法、生长模型法、对半取反法等。这里以最常用的生长模型法为例介绍一下调幅网点的生成。假设一个网目调单元的记录栅格为 5×5=25（个），则该网点可形成灰度等级为 25+1=26（个），假设数字图像的灰度变化范围为 0 ~ 13 即 14 个灰度等级，则像素值 0 对应的曝光点数为 0，像素值 1 对应的曝光点数为 1，对于像素值 1 以后的灰度等级，每增加 1 个灰度等级则增加两个曝光点。加网时，光栅图像处理器将图像的像素值与网点模型中的加网阈值进行比较，若像素值大于或等于加网阈值，则曝光，否则不曝光。加网阈值在网目调单元内规则排列，自网目调单元中心到边缘，加网阈值由小到大逐渐增大，从而保证随着像素值的由小到大，形成的网点由网目调单元中心向四周扩张，直到布满整个网格，如图 4-52 所示。

| 13 | 9 | 7 | 11 | 12 |
|----|----|----|----|----|
| 10 | 5 | 3 | 4 | 8 |
| 6 | 2 | 1 | 2 | 6 |
| 8 | 4 | 3 | 5 | 10 |
| 12 | 11 | 7 | 9 | 13 |

像素值为0

| 13 | 9 | 7 | 11 | 12 |
|----|----|----|----|----|
| 10 | 5 | 3 | 4 | 8 |
| 6 | 2 | 1 | 2 | 6 |
| 8 | 4 | 3 | 5 | 10 |
| 12 | 11 | 7 | 9 | 13 |

像素值为3

| 13 | 9 | 7 | 11 | 12 |
|----|----|----|----|----|
| 10 | 5 | 3 | 4 | 8 |
| 6 | 2 | 1 | 2 | 6 |
| 8 | 4 | 3 | 5 | 10 |
| 12 | 11 | 7 | 9 | 13 |

像素值为7

图 4-52 网点生长模型

为了使加网阈值矩阵能更好地工作，对图像加网时，要求所有的网目调单元的大小和形状必须相同，且包含的记录栅格数相同。加网时通常使每个网目调单元的四个角点和记录栅格的角点重合，网点角度的正切为两个整数（纵、横向记录栅格数）之比，如图 4-53 所示，这种加网方式通常称为有理正切加网。

对于 0° 和 45° 的网点来说，每个网目调单元的四个角点能够做到与记录栅格的角点准确重合，如图 4-54 所示。但对于 15° 和 75° 两种加网角度来说，由于它们的正切值都不是整数之比，因此，在有理正切加网中，分别采用与它们接近的 18.4° 和 71.6° 来替代，即 tan18.4=1/3，tan71.6=3/1，如图 4-55 所示。

为了准确地输出四色印刷所要求的 15° 和 75° 的调幅网点，人们采用了超细胞网点的生长方式，即将多个网目调单元组成一个更大的超细胞单元，网点生成时，不是只由一个中心点开始，而是从多个中心点开始。例如，对一个由 9 个网目调单元组成的超细胞，它有 9 个中心点，一个超细胞可以生成9个网点，如图4-56所示，超细胞的四个角点与输出设备的记录栅格角点重合，虽然超细胞中各网目调单元形状可能不同、尺寸不一，但对每一个超细胞来说，它们有相同的形状，并且包含相同数量的网目调单元和曝光点，利用这种方法就可以生成加网角度分别为15°和75°的超细胞网点。

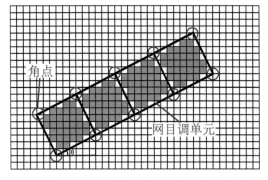

图 4-53　网目调单元四个角点与记录栅格角点重合

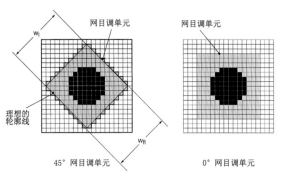

图 4-54　45°和 0°网目调单元

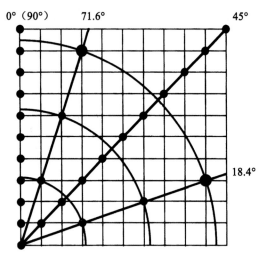

图 4-55　实际生成的四种网点角度

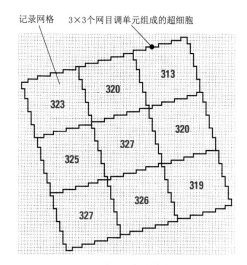

图 4-56　超细胞结构加网

（2）调频网点的生成。调频网点的生成与调幅加网完全不同，它是由非常微小的颗粒点作为独立的像素单位，它们具有同样的大小，且以不规则的方式分布，以表现出原稿图像中每个颜色的灰度值。调频加网生成的网点不是以网目调单元的中心开始的，网目调单元中出现曝光点的位置是完全没有规律的，如图4-57所示。但曝光点的个数是受像素值控制的，在同一幅图像中，相同灰度值的网点，由于曝光点位置不同，

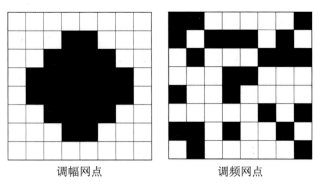

调幅网点　　　　　　　　调频网点

图 4-57　调频加网网点的形成

从而使其形状相同的概率是非常小的。调频加网生成随机网点的方法有很多，如密度图案法、抖动法、误差扩散法等，下面以抖动法加网为例介绍调频网点的生成。

抖动法加网是将输入比较回路的图像信号与阈值字模中对应的阈值进行比较，当图像信号大于或等于阈值字模中对应的阈值时，则曝光，否则不曝光。图4-58所示为采用一个2×2的字模与图

像信号比较，将图像转换为曝光或不曝光的二值图像。字模中的阈值是一组随机数，数值范围在原始图像的最小灰度值与最大灰度值之间。对于一个 $2 \times 2$ 的阈值字模来说，只能产生图 4-59 所示的 5 个色调，这样复制出来的图像效果会比较差。实际应用中一般采用 $8 \times 8$ 的阈值字模，可以产生 65 个色调，如图 4-60 所示为由 $8 \times 8$ 的阈值字模生成的不同网点面积率的调频网点。

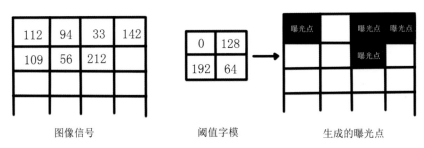

图 4-58 抖动法网点生成示意

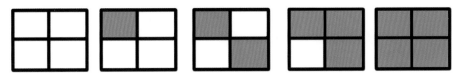

图 4-59 $2 \times 2$ 字模产生的色调变化

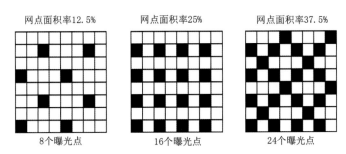

图 4-60 不同网点面积率的调频网点

知识点测试：网点的生成

**学以致用**：在实际生产过程中，经常采用混合加网技术，即在图像的亮调和暗调部分采取调频加网方式，在中间调采取调幅加网技术。请分析这种混合加网技术有何意义，可以解决印刷生产中的什么问题？

## ◉ 任务实施及评价 ·································································◉

任务实施

任务评价

## ◉ 拓展训练 ···············································································◉

请选择一幅图像，利用 Photoshop 模拟加网的形式，分别以 5°、15° 和 30° 角度差进行模拟加网并进行颜色合成，网点形状选用方形网点，请比较不同加网角度差形成莫尔条纹对图像的影响。

## 任务五　颜色合成

### ◉ 任务描述

清明上河图是中国十大传世名画之一，宽 24.8 cm、长 528.7 cm，若需要复制图 4-61 所示的清明上河图局部图。请在 Photoshop 中选择合适的分色工艺进行分色加网，根据图像色调合理安排印刷色序，模拟四色印刷依次叠印的印刷效果，并分析这种印刷方式是否适合艺术品复制。

扫码下载图 4-61

图 4-61　清明上河图局部

### ◉ 知识链接

#### 知识点 1　印刷品呈色原理

颜色的合成是利用印版将黄、品红、青、黑四色油墨印刷在承印物上，再现原稿的颜色。在黄、品红、青、黑四色印版上，网点是最小的着墨单元。印刷时，四色版上有网点的部分会沾上油墨，按照一定的印刷色序依次叠印在纸张上，即可还原出原稿的颜色，如图 4-62 所示。

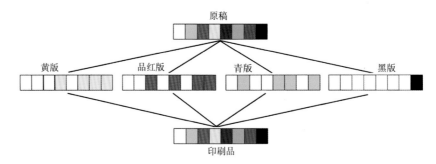

图 4-62　印刷品复制过程示意

印刷品上的每个颜色都是由黄、品红、青、黑四色以不同的网点面积比例混合而成的，四色油墨的网点在组织颜色时，有些网点叠合在一起，称为网点的叠合，有些网点虽然靠得很近，但并没有叠合，称为网点并列，还有些网点部分并列、部分叠合。一般来说，表现图像的亮调层次时，网点以并列为主，表现图像的中间调和暗调时，以叠合为主。

##### 1. 网点叠合呈色
网点叠合呈色是指一种颜色的网点叠印在另一种颜色的网点上，形成两种颜色的混合色的呈色方式。假设青色网点叠印在黄色网点上，当白光照射在印刷品上时，叠印在上面的青色油墨会吸收红光，由于油墨是透明的，白光中的蓝光和绿光通过青色网点到达黄色网点，而黄色网点会吸收蓝光，最后只有绿光通过黄色网点到达纸张上并被反射出来，人眼所看到的就是绿色，因此，青色网点与黄色叠合会产生绿色。同理，品红色网点与黄色网点叠合会产生红色，品红色网点与青色网点叠合则产生蓝色，如果三色网点同时叠合则产生黑色，如图 4-63 所示。

### 2. 网点并列呈色

网点并列呈色是指两种或两种以上的颜色网点相互靠近但不接触，而人眼又分不清它们，从而呈现出它们的混合色。网点并列呈色既涉及色光加色混合，又涉及色料减色混合。当品红色网点和青色网点并列时，白光照射在两个网点上，根据色料减色混合原理，品红色网点会吸收绿光而反射红光和蓝光，而青色网点会吸收红光而反射蓝光和绿光，如图 4-64 所示。因而，作用于人眼的色光有红、绿、蓝三种色光，其中蓝光是其他两种色光的 2 倍。由于两个网点的距离小于人眼的辨认极限，人眼分不清各个网点反射的色光，只能看到三种色光的混合效果，即淡蓝色，而这是一个色光加色混合的过程。同理，品红色网点与黄色网点并列时会产生淡红色，黄色网点与青色网点并列时会产生淡绿色，如果黄、品红、青三色网点同时并列时，则产生灰色。

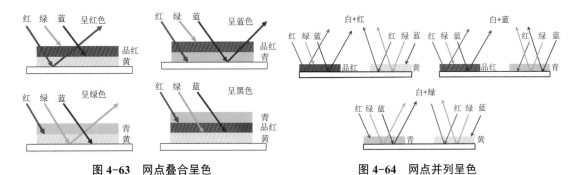

图 4-63　网点叠合呈色　　　　图 4-64　网点并列呈色

### 3. 聂格伯尔方程

网点呈色实际上是色料减色混合和色光加色混合的综合结果。如果印刷品上某一颜色是由黄、品红、青三种网点混合出来的，在高倍放大镜下观看这一颜色时，实际看到的是八种颜色：黄、品红、青三原色，黄、品红、青两两混合产生的红、绿、蓝，三色混合的黑，以及纸张的白色，如图 4-65 所示。当没有放大镜时，因为人眼分不清黄、品红、青三色网点，人们看到的就是这 8

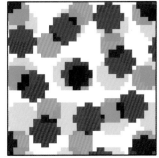
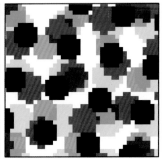

黄、品红、青三色套印　　　黄、品红、青、黑四色套印

图 4-65　网点呈色放大示意

种颜色的混合色。如果采用黄、品红、青、黑四色网点来再现某一颜色时，在放大镜下除看到上述八种颜色外，还会看到上述八种颜色分别与黑色混合出来的 8 种颜色，即一共能看到 16 种颜色。为了定量地描述网点呈色效果，可以利用混合某一颜色的各色网点面积率计算出混合色的三刺激值。

以黄、品红、青三色网点混合出某一颜色为例，设单位面积上黄、品红、青三色油墨所占面积百分比分别为 y、m、c，黄、品红、青三色网点可能互相叠合，也可能互相并列。

若第一色为青色，纸张上将呈现青色和白色，两者面积分别为：青 c；白 1-c。

第二色为品红色，品红色印在白纸上呈现品红色，印在青色上呈现蓝色，此时纸张上呈现青、品红、蓝和白四种颜色，它们的面积分别为：白（1-c）-（1-c）m=（1-c）（1-m）；蓝 mc；青 c-mc=c

（1-m）；品红 m（1-c）。

第三色为黄色，黄色印在白纸上呈现黄色，印在蓝色上呈现黑色，印在青色上呈现绿色，印在品红色上呈现红色，再加上原来的 4 种颜色，印张上共有 8 种颜色，它们的面积分别为：白（1-c）（1-m）-（1-c）（1-m）y=（1-c）（1-m）（1-y）；黄（1-c）（1-m）y；青（1-y）（1-m）c；品红（1-c）m-（1-c）my=（1-c）（1-y）m；红（1-c）my；绿（1-m）cy；蓝 mc-mcy= mc（1-y）；黑 mcy。

假设上述八种色点的三刺激值分别为 Xx、Yx、Zx（x 代表不同的色点），单位面积内各色点的网点面积率为 ax（x 代表不同的色点）。根据格拉斯曼色光加色定律，八种颜色混合出的颜色的三刺激值应等于八种颜色的三刺激值之和，即

X 混 =X 白 a 白 +X 黄 a 黄 +X 青 a 青 +X 品红 a 品红 +X 红 a 红 +X 绿 a 绿 +X 蓝 a 蓝 +X 黑 a 黑

Y 混 =Y 白 a 白 +Y 黄 a 黄 +Y 青 a 青 +Y 品红 a 品红 +Y 红 a 红 +Y 绿 a 绿 +Y 蓝 a 蓝 +Y 黑 a 黑

Z 混 =Z 白 a 白 +Z 黄 a 黄 +Z 青 a 青 +Z 品红 a 品红 +Z 红 a 红 +Z 绿 a 绿 +Z 蓝 a 蓝 +Z 黑 a 黑

这就是三色印刷的聂格伯尔方程。根据这一方程式，如果测得 8 种颜色印在纸张上后的三刺激值，那么对于任何一个三刺激值已知的颜色，可以通过聂格伯尔方程求出混合该颜色所需黄、品红、青三色油墨的网点百分比。对于四色印刷来说，其聂格伯尔方程的导出与三色印刷完全相同，利用四色印刷的聂格伯尔方程，可以实现从 XYZ 颜色空间到 CMYK 颜色空间的转换。

**学以致用：**利用聂格伯尔方程可以实现从 XYZ 颜色空间到 CMYK 颜色空间的转换，这种转换对于进行印刷品颜色质量管理有何意义？

知识点测试：印刷品呈色原理

## 知识点 2　印刷色序

在彩色印刷中，印刷品的颜色是通过多种油墨的套印来再现的，把平版印刷中油墨在承印物上的套印顺序称为色序，也称为墨序。印刷色序的安排对印刷生产的顺利进行及印刷品颜色再现效果有非常重要的影响。根据排列组合，四色印刷总共有 24 种色序排列方法，八色印刷则有 40 320 种排列方法。在理想状态下，采用同一套印版、同一系列的油墨，在相同的印刷条件下，无论采用哪一种印刷色序，最终的印刷品颜色效果应该是相同的。然而，实践表明，不同的印刷色序印刷出来的印刷品往往存在着较大的颜色差别。因此，在实际印刷生产中，必须合理安排印刷色序，只有选择其中符合叠印规律的印刷色序，才能使印刷品的色彩更接近于原稿，才能使图像层次丰富、网点清晰，实现正确的灰平衡。

在印刷生产过程中，合理安排印刷色序，需要综合考虑各方面的因素，如原稿内容特点、承印物性能、油墨的性能、印刷机类型等。

### 1. 根据油墨的性能确定印刷色序

油墨的印刷性能是确定印刷色序的一个重要因素，油墨的遮盖力、油墨的亮度、油墨的干燥性能，以及油墨的黏着性都是安排印刷色序的重要参考依据。

从油墨的遮盖力考虑，一般遮盖力强的油墨先印，遮盖力差的后印。遮盖力较强的油墨对叠印后的色彩影响较大，作为后印色叠印就容易遮盖住前面印刷的油墨颜色，达不到好的混色效果。油墨的遮盖力取决于颜料和连接料的折光率之差，在四色油墨中，黑色油墨是以碳黑作为颜料，其透明度最差，遮盖力最强，所以先印黑色，黄色油墨的遮盖力最差，青色油墨比品红色油墨的遮盖力强。因此，根据遮盖力的高低，四色印刷色序应为黑—青—品红—黄，如图 4-66 所示来按这一色序印刷某图像的示意图。

从油墨的亮度考虑，一般亮度低的先印，亮度高的后印，也就是墨色深的先印，墨色浅的后印。油墨亮度越高，反射率就越高，反映的色彩就越鲜艳，而且在深色上套印浅色，出现微量套印不准也不很显眼；但如果在浅色上套印深色则会暴露无遗。印刷四色油墨的亮度关系是黑 < 品红 < 青 < 黄，因此，根据油墨亮度确定印刷色序应为黑—品红—青—黄。

原稿　　　青版　　　品红版　　　黄版　　　黑版

印刷色序：黑—青—品—黄

印刷品

黑　　　　　黑+青　　　　黑+青+品　　　黑+青+品+黄

**图 4-66　印刷色序**

从油墨的干燥性能考虑，一般干燥速度慢的先印，干燥速度快的后印。如果快的先印，对于单色机而言，由于是湿压干，很容易玻璃化，不利于固着；对于多色机来说，不但不利于墨层的叠印，也容易引发其他弊病，如背面蹭脏等。印刷生产中使用油墨的干燥速度关系为：黄色油墨比品红色油墨的干燥速度快近两倍，品红色油墨比青色油墨快一倍，黑色油墨固着最慢。因此，根据油墨的干燥性能确定四色印刷色序应为黑—青—品红—黄。

从油墨的黏着性考虑，一般黏着性大的油墨先印，黏着性小的后印。多色印刷机是湿压湿印刷，前一色还没干，后一色就叠印上来了，为了防止逆叠印，保证各色油墨的良好叠印效果，印刷色序应该按照黏着性递减安排。四色油墨中，黑色油墨黏着性最大，黄色油墨黏着性最小，品红色油墨黏着性比青色油墨黏着性小，因此，根据油墨的黏着性安排的色序为黑—青—品红—黄。

从印刷油墨的墨层厚度考虑，一般墨层薄的油墨先印，墨层厚的油墨后印，这样才有利于油墨的转移。在达到合适的实地密度时四原色的墨膜厚度从大到小的顺序：黄、品红、青、黑。因此，四色平版印刷机的色序根据油墨的墨层厚度安排应为黑—青—品红—黄。

### 2. 根据原稿内容的特点确定印刷色序

根据原稿内容的特点确定印刷色序，一般要求主色版最后印，弱色版最先印。主色版是指构成原稿图像作用最大的色版，该色版上网点总面积最大，印刷时，在承印物上的油墨覆盖面积最大，如果先印主色版，再在上面叠印其他颜色的油墨，叠印效果会比较差。由于油墨都有一定的遮盖力，最后印刷的颜色往往要比先印的墨色鲜艳些。因此，先印弱色版，即网点面积小的颜色，再印刷主色版的颜色，有利于油墨的叠印和印刷品的颜色再现效果。比如，原稿为风景稿时，青版与黄版为主色版，网点面积最大，品红版和黑版网点面积较小，因此，先印黑色和品红色，再印刷黄色和青色。当原稿为人物稿时，品红色和黄色为主色版，一般黄版的网点面积最大，一般色序安排为：黑—青—品红—黄。当原稿为国画时，则黑版为主色版，放在最后印刷，其他各颜色可按网点面积比例大小安排。

### 3. 根据套准性要求确定印刷色序

根据套准性要求确定印刷色序，往往要结合印刷机的类型进行综合考虑。

当用四色印刷机印刷彩色印刷品时，各色版套印精度是评价印刷品质量的一个重要指标。在黄、品红、青、黑四色版中，网点面积最大的强色版套准性最为重要。一般情况下，青版和品红版的套准性最重要，黄版虽然常常也是网点面积最大的重要色版，但由于黄色为弱色，其套准性要求稍微低一些。黑版虽然在现代四色印刷工艺中已成为重要色，但它往往只是在图像的中暗调部位占比例较大，而人眼的视觉特性是对亮调的颜色阶调及套准性最为敏感，所以在套准要求上，黑版处于与黄版同样的地位。四色机印刷四色产品时，纸张逐渐从第一个色组传递到第四个色组，由于纸张吸水变形以及印刷压力的作用，纸张会有伸展为扇形的趋势，对于套准性要求比较高的两色一般放在第二和第三个色组印刷。因而四色机的印刷色序通常安排为黑—青—品红—黄或黑—品红—青—黄。

当用单色印刷机印刷彩色印刷品时，印刷色序安排要考虑纸张吸水变形对套印精度的影响。在印刷过程中纸张一般会吸水伸长，纸张还会在印刷压力和剥伸张力作用下伸长，尤其是印刷第一色时伸长最多，造成第一色最难和后印色套准，因此第一色先印套准要求不高的颜色。另外由于单色机印刷彩色印刷品，每印刷一色，就需要换墨，所以安排色序还要考虑是否有利于换色，所以一般先印浅色墨，后印深色墨，这样清洗输墨装置比较容易。因此，单色机的色序通常确定为黄—品红—青—黑。

当用双色印刷机印刷四色印刷产品时，前两色是湿式印刷，后两色是湿式印刷，但前两色和后两色之间是干式印刷。印刷多色产品时造成套印误差的最大因素往往是纸张的含水量变化引起的纸张尺寸变化，由于纸张含水量的变化是相对缓慢进行的，而湿式印刷的两色是在瞬间完成的，因此纸张含水量变化引起的套印误差对湿式印刷没有影响，但干式印刷先后色之间间隔时间较长，纸张吸水变形量大。对双色机印刷四色产品来说，前两色的套印误差小，后两色的套印误差也小，但前两色之间和后两色之间的套印误差大。因此，双色机印刷四色产品时，一般是将套准要求高的两色放在一起印刷，放在一起的两色是湿式印刷，其色序则遵循油墨黏度从大到小、墨膜厚度从小到大的原则。

需要注意的是，以上的色序安排，都是针对理论上某些其他因素不变的情况下单独考虑某一因素而确定的印刷色序，但在实际印刷中，往往是多种因素共同作用，因而要考虑多方面原因，优先选择主导因素，合理安排印刷色序，才能充分保证印品的最终颜色质量。

**学以致用**：现有一幅风景稿需要用双色印刷机进行生产，请合理安排印刷色序。

知识点测试：印刷色序

### 知识点 3 颜色的再现

原稿颜色经过分色加网后，可通过制版设备将青、品红、黄、黑四色版的图像信息转移到四块印版上。如图 4-67 所示，印版上的图像部分是由能够接受油墨的网点组成，由于原稿上图像的颜色分布不同，可以看出，四个色版上的网点图文信息也是不同的，印版上网点图像颜色越深，表明再现原稿的颜色需要这一色版的墨量越多，印刷时印版接受的油墨越多，转移到印张上的油墨也就越多。为了保证原稿颜色复制质量，在组版时图像的四周分别放置了色标、套准标记、裁切标记和出血标记等，如图 4-68 所示。其中，色标可以用来控制四个色版的墨层厚度大小，以确定最佳的墨量，减小印刷色差，提高颜色复制准确性；套准标记则是用于检测青、品红、黄、黑四个色版的套准情况，以确保图像再现的清晰度。

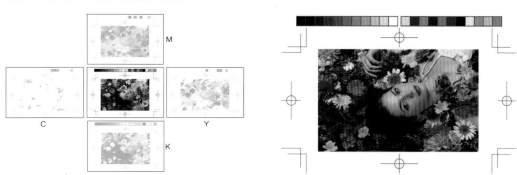

图 4-67 原稿图像分解为四色印版的图像信息　　图 4-68 放置印刷标记的印刷版面

四色印版制作完成后，可以将四色印版按事先确定的印刷色序，分别安装到图 4-69 所示的四色印刷机的相应色组上，每个色组的墨斗里分别放置有相应颜色的油墨，印刷复制时，印刷机的供墨装置将墨斗中的油墨传递给印版，使四块印版上的网点图像分别粘上对应颜色的油墨。如图 4-70 所示，假设印刷色序为青—品红—黄—黑，印刷纸张从印刷机的输纸装置进入印刷机，经过第一个色组时，将会印上青色油墨，经过第二个色组时，就会在青色图像上叠印上品红色油墨，经过第三个色组时，就会在原来的青色和品红色叠印的图像上印上黄色油墨，经过最后一个色组时，就会在前三色叠印的图像上套印上黑色油墨，从而还原出和原稿相一致的图像颜色效果。

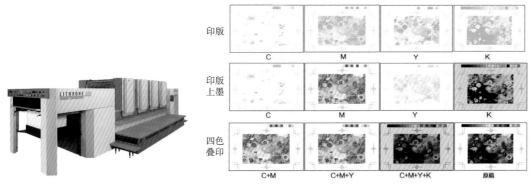

图 4-69　四色印刷机　　　　图 4-70　四色印刷图像再现过程

**学以致用**：对于以透明塑料片作为承印材料印刷活件通常有"里印"和"表印"两种印刷方式，请分析两种印刷方式是否可以采取同样的印刷色序，并分析其原因。

## ◉ 任务实施及评价

## ◉ 拓展训练

已知某一原稿对应的 C、M、Y、K 四个色版的颜色信息如图 4-71 所示，请分析该图中 A、B、C、D、E 五幅图片分别是由哪几个色版合成的。

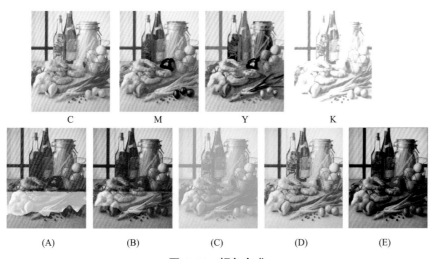

图 4-71　颜色合成

# 模块五 | 颜色测量

## 知识目标

1. 了解测量反射物体及透射物体的几何条件；
2. 掌握密度计和色度计的结构及测量原理；
3. 掌握色强度、色灰度、色相误差的测量及计算方法；
4. 掌握实地密度、网点百分比、印刷反差和叠印率等印刷过程控制参数的测量方法；
5. 了解色彩测控条每部分的作用；
6. 掌握印刷过程控制参数的国家标准。

## 能力目标

1. 能够正确使用密度计测量印刷过程控制参数；
2. 能够正确操作色度计测量印刷色差；
3. 能够利用印张上的印刷质量测控条检查印刷品质量；
4. 能够利用 GATF 色轮图比较不同品牌油墨的色域大小。

## 素养目标

1. 增强质量意识：理解颜色测量的意义，掌握印刷生产过程参数控制对颜色复制效果的影响；
2. 培养团队精神：能与团队成员互相帮助、共同学习、协作完成工作任务；
3. 塑造职业素养：熟悉印刷生产过程参数控制的国家标准，能规范操作测量设备，准确测量颜色控制参数。

## 任务一　颜色测量方法认知

### ◉ 任务描述 ················································································ ◉

　　制作一个印刷色标，色标应包含黄、品红、青三种颜色，这三种颜色两两100%叠印的中间色，三色100%叠印的灰色，以及100%的黑色，用分光光度计分别测出八种颜色的密度值和三刺激值。

### ◉ 知识链接 ················································································ ◉

#### 知识点1　颜色测量的几何条件

　　印刷图像复制实际上是颜色复制。颜色再现准确性是决定印刷品质量的关键因素，为了控制与检测印刷品质量，需要在印刷生产过程中对印刷品颜色进行测量。在实际应用中，颜色的测量通常有目视测色和仪器测色两种方法。目视测色是通过人眼的观察比较印刷品与原稿之间的颜色差别，要求操作者具有较高的颜色敏锐性和丰富的颜色观察经验，测量结果往往会包含一些主观因素，测量结果因人而异，基本上已不再使用。仪器测色以客观的数字来判断颜色复制效果，且测量结果与人眼的视觉感受有很好的一致性，因而成为现代印刷图像复制过程中普遍采用的颜色控制和检测方法。目前使用的测色仪器主要有光学密度计和分光光度计，前者主要用于印刷的过程参数控制，后者主要用于印刷品的质量检测。

　　物体呈色是由入射光源、物体及观察者相互作用的结果，其呈色效果不仅取决于光源的特性、物体表面特性和观察者的视觉特性，还取决于光源的漫射和定向性能、光源与物体的位置关系和观察者与物体的位置关系等几何条件。用仪器测量颜色时，测量结果也受测量几何条件的影响。因此，为了使颜色的测量标准化，以便于交流、比较颜色测量的结果，国际照明委员会分别对测量反射物体和透射物体颜色的照明和观察几何条件进行了规定。

　　1. 测量反射物体的几何条件

　　光源作用于反射物体上时，会产生镜面反射和漫反射以及光吸收等现象。物体反射与吸收特性取决于物体表面特性。如图5-1所示为光源入射角为45°时，不同物体表面的反射特性：如图5-1（a）所示为光滑物体表面与粗糙物体表面的反射特性；如图5-1（b）所示为不同粗糙程度物体表面的反射特性；如图5-1（c）所示为不同印刷品表面的反射特性。一般来说，实际印刷生产的印刷品表面既有镜面反射也有漫反射，由于光通量测量仪器一般只能测量来自一定立体角内的光通量，即只能测量一部分物体反射的光通量，因此，光电探测器与样品的位置关系非常重要。图5-2所示为两种不同的测量条件，当光电探测器放在0°时，其接收的光只有印刷品的漫反射光量；而当光电探测器放在45°时，其接收的光是漫反射和镜面反射之和，因此，在两种情况下测量结果肯定不同。

　　在反射物体颜色测量中，为了避免反射物体镜面反射的干扰，国际照明委员会推荐了四种用于测量反射物体颜色的标准测量条件，如图5-3所示。图5-3（a）为光源垂直于样品表面照射，45°观测，照明光源的光轴和样品表面的法线之间的夹角不能超过10°；图5-3（b）为光源与样品法线成45°照射，垂直观测，观测方向与样品表面的法线之间的夹角不超过10°；图5-3（c）为光源垂直照射样品，照明光源的光轴与样品表面法线之间的夹角不超过10°，样品反射光借助积分球来聚集，挡板可防止探测器接受来自样品表面的反射光；图5-3（d）用积分球照射样品，样品表面的法线与观测方向之间的夹角不超过10°。

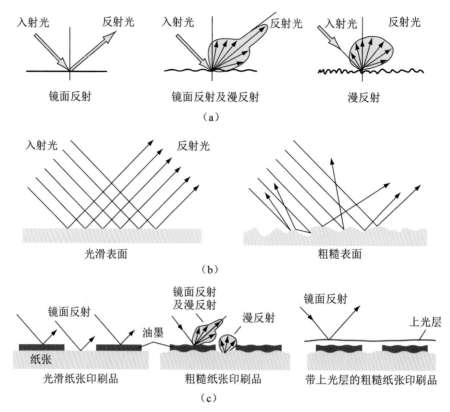

图 5-1　不同物体表面的反射特性

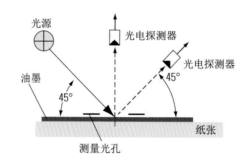

图 5-2　不同的测量条件

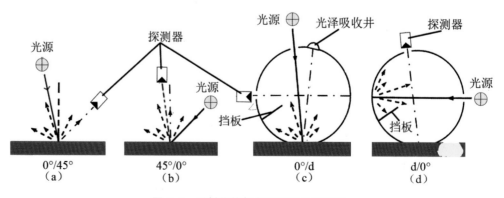

图 5-3　反射物体颜色测量的几何条件

### 2. 测量透射物体的几何条件

光源作用于透明物体上时，会发生定向透射、漫透射和吸收等现象，与测量反射物体颜色一样，光电探测器放置的位置不同，测量的结果也可能不同。如图 5-4 所示，透明物体会对定向入射光产生定向透射和漫透射，置于不同位置的两个光电探测器接收的光通量是不同的，测量结果也不一样。另外，透明物体的颜色测量结果还与光照条件有关，如同一个非漫射透明物体，在同样强度的平行光照射下和漫射光照射下，其颜色测量结果也是不同的。因此，在测量透明物体的颜色时，应满足以下几何条件：入射光应为均匀地投射到被测量物体上的漫射光，探测器只接收垂直通过被测量物体的光通量。

如图 5-5 所示为国际照明委员会推荐的测量透明物体颜色的几何条件：用积分球对样品进行漫射照明，积分球是一个内壁涂有无光白色硫酸钡的空心球，球面上有两个小孔，它们的轴心线在积分球心正交，平行入射光进入积分球内，会形成光点 $L$，由光点 $L$ 将光均匀反射到积分球内壁上，积分球内的挡板可以防止由 $L$ 点反射的光直接作用在样品上，从而使照射在样品上的入射光为漫射光；垂直通过样品的透射光经过另一个积分球收集在光电探测器中，以得到样品颜色值。

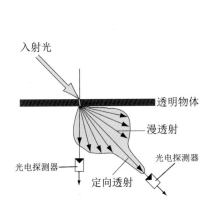

图 5-4　透明物体的定向透射与漫透射

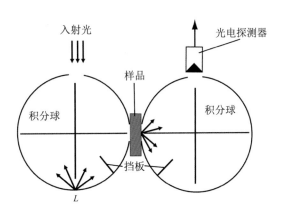

图 5-5　透明物体颜色测量的几何条件

知识点测试：颜色测量的几何条件

**学以致用**：印刷品表面光泽度高时容易产生镜面反射，不能在镜面反射角度观察印刷品和测量印刷品颜色，为什么在实际生产中还总是希望提高印刷品的光泽度？

## 知识点 2　密度测量

密度测量是建立在对印刷品的墨层厚度测量的基础上，其测量值与人眼对不同墨层厚度的颜色变化感受相适应，主要用于测量印刷品上颜色的实地密度、网点增大量、印刷反差、油墨叠印率等控制参数，以实现对印刷过程的控制，保证印刷品质量。

### 1. 密度测量的原理

（1）密度计的结构与工作原理。某一颜色的光学密度是由该颜色吸收光的多少决定的，吸收的光越多，其密度就越大。但是当用密度计来测量颜色的密度时，并不直接测量它吸收的光量，而是测量其反射或透射回来的光，然后将其与参考标准在特定光源照射下的反射或透射情况进行比较。根据色料减色原理，黄色油墨会吸收蓝色光，品红色油墨会吸收绿色光，青色油墨会吸收红色光，因此，如果用红、绿、蓝三种色光分别照射青、品红、黄三色油墨，测出经过三色油墨吸收后剩余的红、绿、蓝三种色光，就可以得到三种油墨的密度值。

　　用来测量光学密度的密度计一般由光源、滤色片、偏振滤色片、光学透镜、光电探测器、电子处理器或计算机、显示屏等几部分组成，如图5-6所示。以测量品红色油墨的密度为例，为了测得品红色油墨吸收入射绿光后剩余的绿光，在密度计的光路上设置有绿色滤色片，因为绿色滤色片只让绿光通过，吸收红光和蓝光，标准光源经过滤色片后，只有绿光作用在品红色油墨上，这样光电探测器接收到的就是经品红色油墨吸收后剩余的绿光，显示器显示的密度值就反映了品红色油墨对绿光的吸收量，密度值越高，说明吸收量越多，品红色墨层越厚。反之，若显示的密度值越低，说明品红色油墨对绿光的吸收量越小，品红色墨层就越薄。

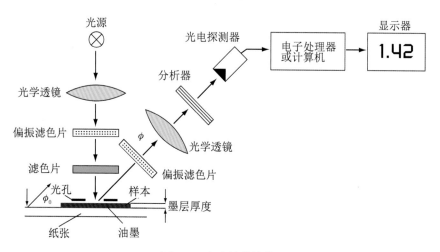

图 5-6　密度计的结构

　　密度计中偏振滤色片的作用是保证密度计测量干墨和湿墨时的结果一致，因为湿墨层和干墨层的表面反射出来的光是不同的，尤其是在不光滑或没有涂布层的纸张表面印刷时，油墨没有干燥时要比干燥后看起来密度更高，这是一种典型的"干退"现象。因为油墨刚印刷时，本身会是一个光滑的表面，即使是印在表面粗糙的纸上，当它被光照射时，会有一部分光直接从油墨表面反射回来，即发生镜面反射，由于密度计的探测器往往会避开镜面反射方向，因而接收不到镜面反射的光，测量密度较高。而当油墨干燥后，油墨表面就具有了纸张表面粗糙未涂布的特性，镜面反射就变得发散，使密度计的探测器不可避免能接收到一些镜面反射的光，因而使测量密度值降低。如果在密度计的光路中增加两块垂直交叉的线性偏振滤色片，就可以消除这种干燥前后密度不同的现象。如图5-7所示，偏振滤色片只允许其中某个方向的光通过，第一块偏振滤色片对部分光线进行偏光处理，然后被油墨表面镜面反射，即不改变其方向，第二块偏振滤色片与第一块排成90°，因而使油墨表面镜面反射的光不能通过，而穿过墨膜被纸张反射的光线会失去偏振性，因而可以通过第二块偏振滤色片，到达光电探测器，这样在测量时，就消除了镜面反射光的影响。

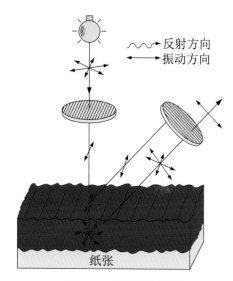

图 5-7　偏振光滤色片

　　利用密度计测量出来的品红色油墨的密度实际上是利用如下表达式计算出来的：

$$D_{品红}=\lg\frac{1}{\rho_{品红}}=\lg\frac{\int_{\lambda}S(\lambda)\cdot s(\lambda)\ \tau_{绿}(\lambda)\cdot d\lambda}{\int_{\lambda}S(\lambda)\cdot s(\lambda)\ \tau_{绿}(\lambda)\cdot\rho_{品红}(\lambda)\cdot d\lambda}\qquad(5\text{-}1)$$

其中，$S(\lambda)$ 为光源的光谱功率分布；$s(\lambda)$ 为光电探测器的光谱灵敏度；$\tau_{绿}(\lambda)$ 为绿色滤色片的光谱透射率；$\rho_{品红}(\lambda)$ 为品红色油墨对各波长的光谱反射率；$\rho_{品红}$ 为品红色油墨对吸收后的绿光的反射率。

同理，利用蓝色滤色片可以测量黄色油墨的密度，用红色滤色片可以测量青色油墨的密度。

（2）密度的叠加原理。印刷颜色复制是通过黄、品红、青、黑四色套印得到的，在油墨套印过程中，难免会发生油墨的叠印，叠印部分表现出来的颜色就是多层油墨共同吸收入射光后的结果。这时叠印部分颜色的密度就等于各层油墨密度的叠加之和。假设两层油墨叠印，将一束入射光 $\phi_0$ 投射在叠印区，入射光经过第一层油墨被吸收后变为 $\phi_1$，再经过第二层油墨，则再度被吸收变为 $\phi_2$，如果以 $\phi_1/\phi_0$ 表示第一层油墨的透射率 $\tau_1$，而 $\phi_2/\phi_1$ 则为第二层油墨的透射率 $\tau_2$，如图 5-8 所示。

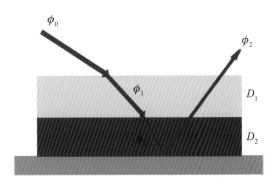

**图 5-8　密度的叠加**

当两层油墨叠印后，它们的合成透射率和密度可用下面的方式计算：

第一层油墨的密度 $D_1=\lg 1/\tau_1$，第二层油墨的密度 $D_2=\lg 1/\tau_2$；

入射光通过两层油墨的总透射率 $t=\dfrac{\phi_2}{\phi_0}=\dfrac{\phi_2}{\phi_1}\times\dfrac{\phi_1}{\phi_0}=\tau_1\times\tau_2$；

总的合成密度 $D=\lg 1/\tau=\lg\dfrac{1}{\tau_1\times\tau_2}=\lg\dfrac{1}{\tau_1}+\lg\dfrac{1}{\tau_2}=D_1+D_2$。

从上面的计算过程可以看出，多层油墨叠印混合后，合成透射率为各层透射率的乘积，叠加后的合成密度是各层密度值的相加。

**2. 密度测量的基本操作方法**

（1）色彩测控条。由于彩色印刷品上的图像是由多种油墨叠印出来的，要单独测量某一种油墨的密度是比较困难的，选择的测量点上往往叠合了其他颜色的油墨，因此，在实际印刷中，会在印刷图像旁边附设一些用于质量控制的色标或色彩测控条，如图 5-9 所示，印张上附设了套准标记、出血标记、裁切标记、灰梯尺及色标等印刷质量控制标记。其中，色标就是用来测量各色油墨的密度及油墨之间的叠印效果的。

在实际应用中，一般采用专业的色彩测控条，如布鲁纳尔测控条、FOGRA 色彩控制条。很多企业还采用自己设计的色彩控制条，图 5-10 所示为海德堡 CPC 系统使用的色彩控制条，色彩控制条常印刷在纸张的长边，可以用来测量墨斗各墨区的出墨情况。一般来说，用于颜色测量的色彩测控条应包含实地测量色块、网点测量色块、实地叠印色块及灰平衡控制色块，如图 5-11 所示。

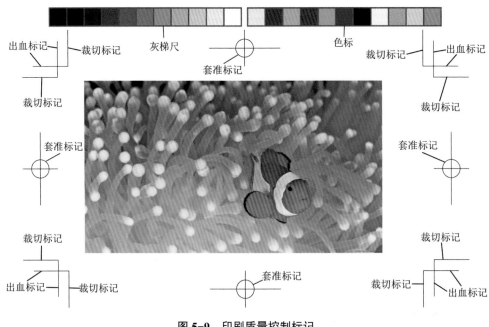

**图 5-9　印刷质量控制标记**

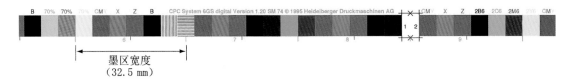

墨区宽度
（32.5 mm）

**图 5-10　海德堡色彩测控条**

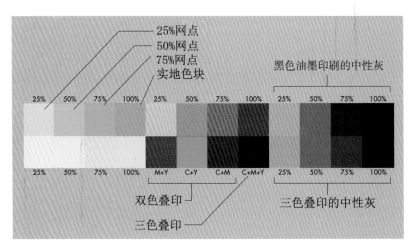

**图 5-11　色彩测控条的颜色测量色块**

（2）密度测量的基本操作。用于密度测量的仪器很多，仅爱色丽公司生产的密度计就有多个系列。随着科学技术的发展，密度计的功能也越来越强大，很多密度计不仅可以测量与密度有关的网点百分比、印刷反差、油墨叠印率，还可以测量颜色的三刺激值和颜色之间的色差，将密度测量与色度测量功能集一身。下面以爱色丽公司生产的 X-Rite 528 分光密度计为例，介绍密度测量的基本操作。

①密度计的操作界面。图 5-12 所示为 X-Rite 528 分光密度计的外形图。当仪器接通电源后，会显示图 5-13 所示的操作界面，操作界面包含"主菜单"和"仪器 / 选项数据"两个区域。

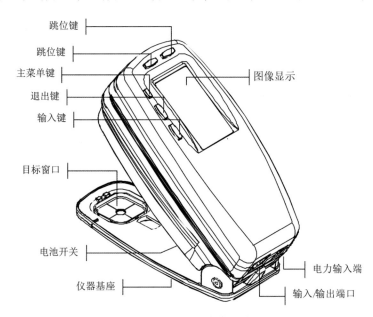

图 5-12　X-Rite 528 分光密度计的外形图

X-Rite 528 分光密度计的基本操作按键如图 5-14 所示，向上跳位键和向下跳位键可用于在"主目录"菜单中选择相应的功能，也可用于在一些功能菜单中选择相关的设置选项；输入键相当于计算机键盘上的回车键，如在"主目录"菜单下用跳位键加亮某一功能后，按输入键即可进入该功能的操作界面；退出键用于退出一个菜单级别，相当于回到上一步操作，如在某一功能选项进行设置后，按退出键，则所做的设置将被放弃，屏幕将显示上一步的操作界面；主菜单键用于快速退出，使用该键，可以在任何界面中直接回到主目录界面，按下该键所做的数值更改或选项设置将被自动放弃。

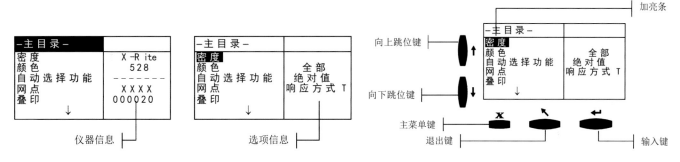

图 5-13　X-Rite 528 分光密度计的操作界面　　　图 5-14　X-Rite 528 分光密度计的基本操作按键

②密度计的校正。在利用密度计测量密度前，需要对仪器进行校正，为了保证密度计测量结果的准确性和稳定性，通常情况下，要求每天至少校正一次密度计。密度计的校正方法如下：

在"主目录"菜单下，利用向上或向下跳位键加亮"校正"功能，然后按下输入键，即可进入密度校正功能，如图 5-15 所示。

| －主目录－ | |
|---|---|
| 色调误差／灰度 | |
| 纸张 | |
| 比较 | |
| 校正 | |
| 配置 | |

| 校正 | |
|---|---|
| 白板 | 测量白板 |
| | 自动识别 |
| | 校正 |
| | 标准 |
| ＜测量白板＞ | |

图 5-15　选择校正功能

　　将仪器放置在标准白板上，使目标窗口与标准白板对准，如图 5-16 所示，然后压低密度计测量头至基座，保持稳定直到对话框中提示校正完成，这样就完成了密度计的校正，校正完后要注意将标准白板放置在干燥、无灰尘的地方，且防止太阳光直射。

　　③密度的测量。在"主目录"菜单下，利用向上或向下跳位键选择加亮"密度"功能，如图 5-13 所示，然后按输入键，即可进入密度测量界面。测量前，先选择密度测量数据形式，并设定相关测量选项，如图 5-17 所示。X-Rite 528 分光密度计有两种密度测量数据形式：直接密度测量数据和减去标准测量数据，加亮密度数据形式，按输入键，可在两者之间进行切换。加亮"选项"，按输入键，可打开密度选项菜单；"颜色"选项可设置在密度测量时显示哪些颜色成分，有"自动、全部、黑、青、品红、黄"等多个选项，选择"自

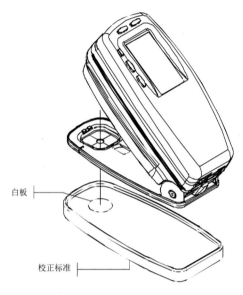

白板

校正标准

图 5-16　测量标准白板

动"，仪器将显示测量中的主要成分；选择"全部"，仪器将显示所有成分；选择"青"，仪器将仅显示青墨的密度；"数据形式"选项可选择测量的密度是绝对值还是减去纸张后的密度值，如果选择密度减去纸张，在测量样品前，必须先测量纸张；"标准"选项用于选择进行密度差异测量时的标准。

　　所有的选项设置完后，就可以进行样品密度测量了，假设密度数据形式设置的是直接密度测量数据，密度选项中的"颜色"选项设置为"青"，"数据形式"选项设置为"减去纸张"，则可以用密度计来测量青色油墨的密度，密度测量界面如图 5-18 所示，先用密度计测量印张上的空白部位，即纸张的颜色，然后再测量印刷品上青色油墨的密度，即可得到实际测量值减去纸张密度后的密度值。

| 密度减去标准 01 | 选项 |
|---|---|
| ＞纸张 | V 0.06 |
| 样品 | C 0.06 |
| 标准 | M 0.06 |
| ＜选择测量数据形式＞ | HI |

| 密度选项 | |
|---|---|
| 颜色　　　：自动 | |
| 数据形式　：绝对值 | |
| 标准　　　：自动 | |
| ＜编辑选项＞ | |

| 密度 | 选项 |
|---|---|
| 纸张 | C 0.06 |
| 样品 | |
| ＜测量纸张＞ | T |

图 5-17　密度测量设置　　　　　　　　　　　　图 5-18　密度测量界面

知识点测试：密度测量

　　**学以致用**：在过去测量印刷品密度时，往往需要等印刷品完全干燥后再进行测量，否则会影响测量结果的准确性，但现在进行密度测量时，印刷品没有干燥也可以进行测量，而且不影响测量结果，这是为什么？

## 知识点 3　色度测量

　　密度测量可以很好地应用于印刷过程控制中。如果需要评价印刷品与原稿之间或者印刷品之间的颜色差别，采用密度测量法可能就不太适合了，这时需要借助色度测量工具，通过测量颜色的三刺激值及颜色之间的色差来进行评价。例如，如图 5-19 中的两个颜色，用密度计测得它们的密度都为 1.38，而用色度计测得两者之间的色差为 39，两个颜色之间存在非常大的差别。

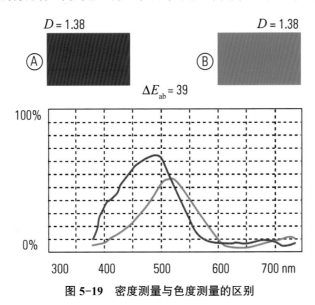

**图 5-19　密度测量与色度测量的区别**

### 1. 色度测量的原理

　　色度测量不像密度测量那样只能反映颜色的明暗变化，它是建立在色度学的基础之上，其测量结果可以反映人眼对颜色的视觉感受。如图 5-20 所示，色度测量可以通过测量颜色的三刺激值来计算颜色的色相、明度和饱和度。

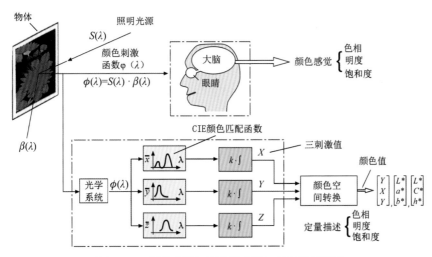

**图 5-20　人眼对颜色的视觉感受与色度测量模型**

　　色度测量仪器的基本结构如图 5-21 所示，实际应用中使用的色度测量仪器主要有色度计和分光光度计两种。虽然两种测量仪器都能测量颜色的三刺激值，但它们的工作原理是不同的。

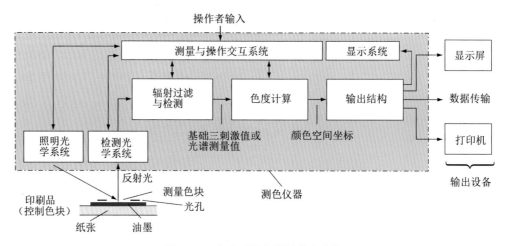

图 5-21 色度测量仪器的基本结构

## 2. 色度计的工作原理

色度计的工作原理与密度计有些类似，它是利用三种特殊的能与 CIE 颜色匹配函数相匹配的滤色片来测量样品的反射光量。如图 5-22 所示，每一滤色片后面有一个小的光电探测器，通常用的是光电二极管，负责将感受的光转换为电流信号，并加以放大，得出各色的刺激量。由于色度计的光学系统中没有分光装置，因此，色度计不能提供光谱数据，其测量的精确度有限，一般常用于测量屏幕颜色。

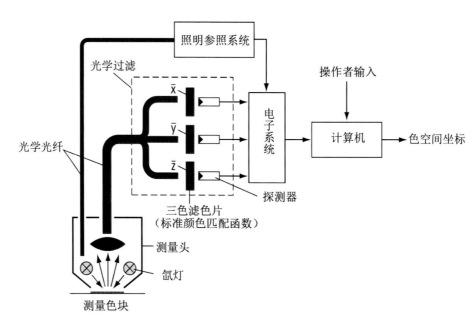

图 5-22 色度计测色原理

## 3. 分光光度计的工作原理

分光光度计通过分光装置可分离出组成光谱的各单色光，因而可以测量样品对每一波长色光的反射光量。分光光度计常用的分光装置有滤色片、单色仪和衍射光栅，如图 5-23 所示。利用分光装置，分光光度计可以确定从样品中反射出来的各波长范围的色光在可见光谱中所占的百分比。波长间隔一般为 5 nm、10 nm 或 20 nm，因此，分光光度计可以提供一个完整的光谱反射率曲线。

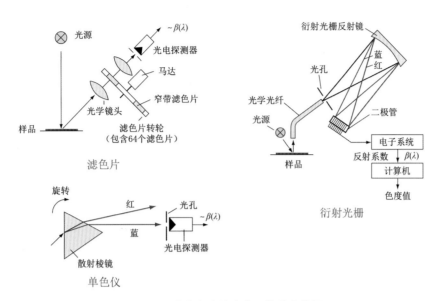

图 5-23 分光光度计中常用的分光装置

图 5-24 所示是使用衍射光栅作为分光装置的分光光度计的工作原理图,光线被衍射光栅散射后成彩虹颜色,散射的光被光电探测器(二极管)接收,从而可以测量出每一波长的反射率,得到整个光谱数据。

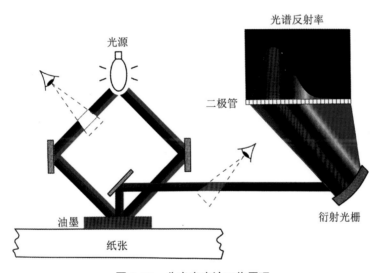

图 5-24 分光光度计工作原理

分光光度计测量颜色样品的三刺激值时,实际上测得的数据是样品的光谱反射率,然后利用下面的公式计算出颜色样品的三刺激值:

$$X = k \sum_{\lambda} \rho(\lambda)S(\lambda)\overline{X}(\lambda)\Delta\lambda$$

$$Y = k \sum_{\lambda} \rho(\lambda)S(\lambda)\overline{Y}(\lambda)\Delta\lambda$$

$$Z = k \sum_{\lambda} \rho(\lambda)S(\lambda)\overline{Z}(\lambda)\Delta\lambda \qquad (5-2)$$

式中,$k$ 为常数;$\rho(\lambda)$ 为光谱反射率;$S(\lambda)$ 为光源的相对光谱功率分布;$\overline{x}(\lambda)$、$\overline{y}(\lambda)$、$\overline{z}(\lambda)$

为 CIE 标准色度观察者三刺激值。

　　分光光度计测得的光谱数据还可用于分析颜色的基本构成，应用在计算机配色系统中，当需要匹配一个样品的颜色时，先用分光光度计测量样品获得其光谱数据，然后依据样品的光谱数据分析计算混合出该样品色所需颜料的比例。

　　**学以致用**：分光光度计与密度计在印刷过程中的应用有哪些区别？

## ◉ 任务实施及评价

任务实施

任务评价

## ◉ 拓展训练

　　选择几种不同的白纸，如书刊印刷纸、报纸、复印纸、包装印刷铜版纸，分别用密度计测量这些纸张的密度值，分析这些纸张的颜色差别。

# 任务二　油墨颜色性能测量

## ◉ 任务描述

　　测量某两个品牌三原色油墨的色强度、色偏、色效率、色灰度，并绘制该品牌油墨的 GATF 色轮图，比较两种油墨的 GATF 色轮图，分析两种油墨的颜色质量。

## ◉ 知识链接

### 知识点 1　油墨的光谱反射率曲线

　　根据色料减色法，在理想状态下，黄、品红、青三原色油墨都能够吸收白光中 1/3 的色光，反射 2/3 的色光。三原色油墨的光谱反射率曲线如图 4-14 所示，青色油墨能够 100% 吸收 600 ～ 700 nm 的红光，100% 反射 400 ～ 600 nm 的蓝光和绿光；黄色油墨能够 100% 吸收 400 ～ 500 nm 的蓝光，100% 反射 500 ～ 700 nm 的绿光和红光；品红色油墨能够 100% 吸收 500 ～ 600 nm 的绿光，100% 反射 400 ～ 500 nm 和 600 ～ 700 nm 的蓝光和红光。

　　但在实际印刷生产过程中所使用的油墨并不是这样的，由于油墨含有杂质，三原色油墨的实际光谱反射率曲线如图 4-15 所示，青色油墨对 400 ～ 600 nm 的蓝光和绿光并没有完全反射，对

600 ～ 700 nm 的红光也没有完全吸收，因此，青色油墨含有一定量的品红色和少量黄色；品红色油墨对 400 ～ 500 nm 的蓝光和 600 ～ 700 nm 的红光并没有完全反射，对 500 ～ 600 nm 的绿光也没有完全吸收，因此，品红色油墨含有较多的黄色和少量的青色；黄色油墨对 500 ～ 700 nm 的绿光和红光并没有完全反射，对 400 ～ 500 nm 的蓝光也没有完全吸收，因此，黄色油墨含有少量的品红色和黄色。

知识点测试：油墨的光谱反射率曲线

**学以致用**：在印刷生产中，如果用黄、品红、青三种油墨等比例混合产生的颜色往往不是纯灰色，而是偏暖色，这是为什么？

## 知识点 2　油墨颜色质量的测量

彩色印刷品的颜色是黄、品红、青和黑四色油墨通过叠印套合的方式表现出来的，油墨的颜色质量会直接影响印刷品的颜色复制效果。理想的三原色油墨应该能吸收光谱中 1/3 的色光，反射 2/3 的色光，而实际使用的三色油墨都存在该吸收的部分没有全部吸收，该反射的没有全部反射的现象，因此，要正确再现原稿的颜色，必须对所用油墨的颜色质量有所了解。

### 1. 油墨颜色质量的评价指标

在实际应用中，通常采用色强度、色相误差、灰度和呈色效率四个参数来评价三原色油墨的质量。

（1）色强度。色强度又称为色浓度，是衡量三原色油墨对色光进行选择性吸收的能力，油墨的色强度越高，其选择性吸收色光的能力就越强，其饱和度就越高。色强度一般用原色油墨的补色滤色片测得的密度值表示。表 5-1 为分别用红、绿、蓝三种滤色片测得的三原色油墨的密度。

**表 5-1　三原色油墨用不同滤色片测得的密度**

| 滤色片<br>油墨 | 红滤色片 | 绿滤色片 | 蓝滤色片 |
|---|---|---|---|
| 黄 | 0.05 | 0.12 | 1.1 |
| 品红 | 0.12 | 1.42 | 0.6 |
| 青 | 1.45 | 0.5 | 0.15 |

（2）色相误差。色相误差又称为色偏，是描述原色油墨中含其他颜色成分所造成色相变化程度的量，用百分率表示。原色油墨的色相误差可用三色滤色片分别测量该油墨，如图 5-25 所示，然后利用以下公式计算：

$$色相误差（\%）=\frac{D_m - D_l}{D_h - D_l}\times100\% \tag{5-3}$$

式中，$D_l$ 为三色滤色片测得的最小密度值；$D_m$ 为三色滤色片测得的中间密度值；$D_h$ 为三色滤色片测得的最大密度值。

表 5-1 中品红色油墨的色相误差为

$$色相误差（\%）=\frac{0.6-0.12}{1.42-0.12}\times100\% =36.9\%$$

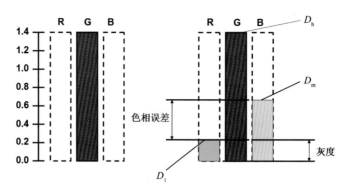

**图 5-25　品红色油墨的色相误差和灰度**

即品红色油墨的色相误差为 36.9%。根据三色密度值可以判断油墨色相偏差的方向，油墨色相偏差的方向由产生最小密度值的滤色片决定，因此，在这里，品红色油墨色相误差是偏向红色。

（3）灰度。油墨的灰度是描述三原色油墨中含有灰色成分的量，用百分率表示。由于灰色成分的存在，油墨会等量吸收本应该完全反射的两种色光，油墨的灰度由三色滤色片测得的最小密度决定，如图 5-27 所示，其计算公式如下：

$$灰度（\%）= \frac{D_l}{D_h} \times 100\% \qquad (5-4)$$

表 5-1 中品红色油墨的灰度为

$$灰度（\%）= \frac{0.12}{1.42} \times 100\% = 8.5\%$$

（4）呈色效率。油墨的呈色效率是综合描述三原色油墨选择性吸收和反射能力大小的参数，用百分数表示。它用吸收色光与反射色光形成的密度差占吸收色光形成的密度百分比来表示，其计算公式如下：

$$呈色效率（\%）= \frac{\frac{1}{2}[(D_h - D_m) + (D_h - D_l)]}{D_h} \times 100\% = 1 - \frac{D_m + D_l}{2D_h} \times 100\% \qquad (5-5)$$

表 5-1 中品红色油墨的呈色效率为

$$呈色效率（\%）= 1 - \frac{0.6 + 0.12}{2 \times 1.42} \times 100\% = 74.6\%$$

### 2. 油墨色相误差和灰度的测量

通过利用红、绿、蓝滤色片分别测量三原色油墨的密度值，可计算出三原色的色强度、色相误差、灰度和呈色效率等评价参数，用以评价油墨的颜色质量。另外，利用 X-Rite 528 分光密度计还可以直接测量出三原色油墨的色相误差和灰度值。

在密度计的主目录下利用跳位键加亮"色调误差 / 灰度减去标准"功能，然后按输入键，即可打开"色调误差 / 灰度"功能操作界面。密度计可以用两种方式来显示油墨的色调误差和灰度值，一种是绝对值测量数据，另一种是差异测量数据，即显示减去某一标准后的值，当"色调误差 / 灰度"被加亮时，可在两种数据形式之间切换，如图 5-26 所示。当"选项"被加亮时，即可设置"数据形式"选项，有"绝对值"和"减去纸张"两种选择，当选择"减去纸张"时，测量时必须先测量纸张。

所有的选项设置完后，就可以进行油墨的色调误差和灰度值测量了，假设"色调误差 / 灰度值测量数据形式"设置的是绝对值测量数据，"选项"中的"数据形式"选项设置为"减去纸张"。先用密度计测量印张上的空白部位，然后再测量印品上油墨的色调误差和灰度值，图 5-27 中的"h"表示油墨的色相误差，"g"表示油墨的灰度，"C → Y"表示青色油墨的颜色偏黄。

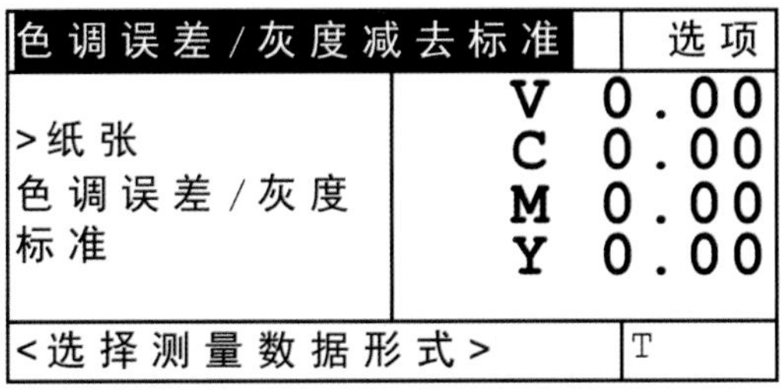

| 色 调 误 差 / 灰 度 减 去 标 准 | | 选 项 |
|---|---|---|
| | V | 0.00 |
| > 纸 张 | C | 0.00 |
| 色 调 误 差 / 灰 度 | M | 0.00 |
| 标 准 | Y | 0.00 |
| < 选 择 测 量 数 据 形 式 > | | T |

图 5-26　色调误差和灰度值测量数据形式设置

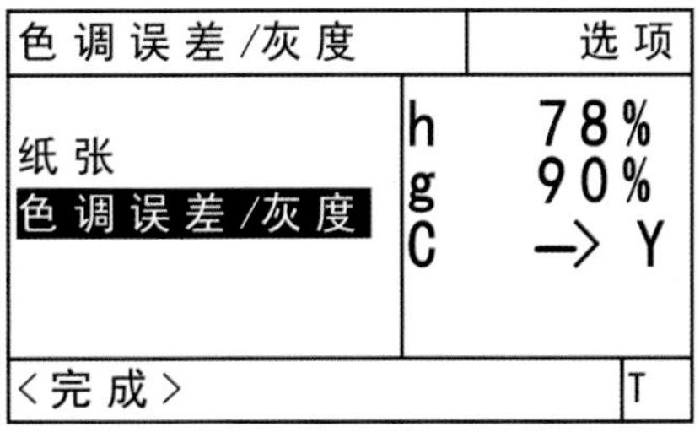

| 色 调 误 差 / 灰 度 | | 选 项 |
|---|---|---|
| | h | 78% |
| 纸 张 | g | 90% |
| 色 调 误 差 / 灰 度 | C | → Y |
| < 完 成 > | | T |

图 5-27　油墨的色调误差和灰度值测量

知识点测试：油墨颜色
质量的测量

**学以致用**：如果某种油墨用三色滤色片分别测量的密度值为：红滤色片 1.3，蓝滤色片 0.12，绿滤色片 1.28，则该油墨是什么颜色？

## 知识点 3　GATF 色轮图

GATF 色轮图是美国印刷技术协会推荐的，可以用来比较不同品牌油墨的色域大小，也可以用来定性的分析油墨的质量。GATF 色轮图以油墨的色相误差和灰度两个参数作为坐标在图中进行标识。如图 5-28 所示，GATF 色轮图的圆周上分为六等分，分别表示黄、品红、青三原色和它们混合出来的三间色红、绿、蓝，圆周上的数字表示色相误差，黄、品红、青三原色在圆周上的坐标标识以 0 为基准，红、绿、蓝三种间色在圆周上的坐标标识以 100 为基准，圆周上从三原色到相邻的间色分为 10 个等分。从圆心往外表示灰度，将圆周半径分为 10 个格，每格代表 10%，最外层圆周上的灰度为 0，即饱和度最高为 100%，圆心上的灰度为 100%，饱和度为 0。灰度坐标是由外往里计

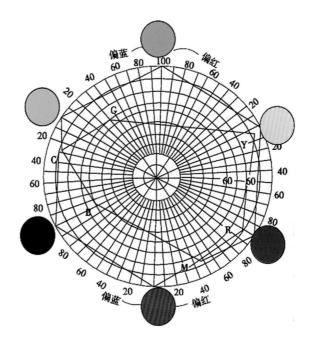

图 5-28　GATF 色轮图

算的，一个颜色的灰度坐标越靠近圆心，说明这个颜色的灰度越大，饱和度越低。

如果用分光密度计测量出黄、品红、青及其两两混合出来的红、绿、蓝的灰度和色偏，就可以将六种颜色在 GATF 色轮图中的坐标确定下来。在确定六种颜色在 GATF 色轮图中的坐标位置时，要注意判断该颜色的色偏方向，可以测得该颜色的最小密度的滤色片作为该颜色的色偏方向，因为该滤色片下的密度值最小，说明油墨反射了较多该颜色的色光，因此，油墨的颜色偏向于该滤色片的方向。例如，某一品红色在红、绿、蓝三种滤色片下测得的密度分别为 0.15、1.2、0.63，经过计算该颜色的色相误差为 46%，灰度为 12.5%，其最小密度是由红色滤色片测出来的，因此，确定该颜色坐标时，应往红方向偏 46%，灰度坐标应为由外往里 12.5% 的 M 点位置。

用同样的方法可以确定其他五个颜色在 GATF 色轮图上的位置，将 GATF 色轮图上所确定的黄、

品红、青、红、绿、蓝六个点连接起来就构成一个六边形。这个六边形就是三原色油墨的色域，六边形的面积越大，则三原色油墨的色效率越高，能表现出来的色域也越大。

　　**学以致用**：利用 GATF 色轮图分析油墨颜色质量，在测量颜色密度时，是测量相对密度值还是测量绝对密度值，为什么？

## ◉ 任务实施及评价 ·················································· ◉

任务实施　　　　　　　　　任务评价

## ◉ 拓展训练 ·························································· ◉

　　已知某一种颜色油墨用红、绿、蓝三种滤色片测得的密度分别为 1.2，0.15，0.95，请分析该油墨的颜色，并计算其色强度、色相偏差、灰度和呈色效率。

## 任务三　印品颜色质量测量

## ◉ 任务描述 ·························································· ◉

　　利用印刷测控条测量印刷品的实地密度、叠印率、网点扩大率、印刷反差、同批印刷品色差等印刷质量控制参数。

## ◉ 知识链接 ·························································· ◉

### 知识点 1　实地密度与叠印率的测量

#### 1. 实地密度的测量

　　实地密度是指印张上网点面积率为 100%，即印张上完全被油墨覆盖部分的密度。实地密度是印刷过程控制的重要参数，测量实地密度是用来检测和控制四色油墨墨层厚度的最有效方法。一般来说，墨层厚度越厚，密度就越大，墨层厚度增加时，密度也会增加。但是，当墨层厚度超过一定范围后，密度将不再随着墨层厚度的增加而增大。如图 5-29 所示，当墨层厚度低于 1.0 μm 时，墨层厚度与密度呈线性关系；当

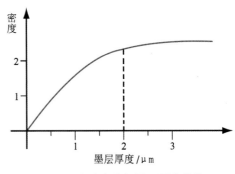

图 5-29　实地密度与墨层厚度的关系

墨层厚度达到 2.0 μm 时，墨层厚度增加，密度值几乎不再变化。

在印刷过程中，密度是用来控制和检测印刷品质量的重要参数，在《平版印刷品质量要求及检验方法》（CY/T 5—1999）中，规定了精细印刷品和一般印刷品的四色油墨的实地密度范围，见表 5-2。

表 5-2  印刷品密度标准

| 色别 | 一般印刷品 | 精细印刷品 |
|------|-----------|-----------|
| 黄 | 0.80 ~ 1.05 | 0.85 ~ 1.10 |
| 品红 | 1.15 ~ 1.40 | 1.25 ~ 1.50 |
| 青 | 1.25 ~ 1.50 | 1.30 ~ 1.55 |
| 黑 | 1.20 ~ 1.50 | 1.40 ~ 1.70 |

在平版印刷中，由于不同油墨的选择性吸收能力不同，四色油墨墨层厚度相同时，密度并不相同，如图 5-30 所示。

测量印刷品上四色油墨的实地密度时，需要用密度计测量印张上的四色实地色块，如图 5-31 所示。测量时，要注意减去纸张的密度，即先用密度计测量印张的空白部分的密度，然后再测量实地色块，这样才能得到与墨层厚度相对应的密度值。

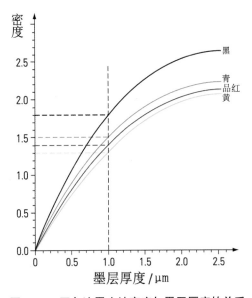

图 5-30  四色油墨实地密度与墨层厚度的关系

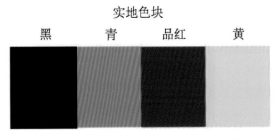

图 5-31  用于测量实地密度的实地色块

### 2. 油墨叠印率的测量

油墨叠印率是用来评价后印油墨在先印油墨上的转移效果的有效手段，叠印率越高，油墨转移效果就越好。叠印率也是通过密度测量计算出来的，通常用 $f$ 表示，对于两种油墨叠印，叠印率计算公式如下：

$$f = \frac{D_{1+2} - D_1}{D_2} \tag{5-6}$$

式中，$D_{1+2}$ 为叠印密度；$D_1$ 为先印油墨密度；$D_2$ 为后印油墨密度。

在式（5-6）中，$D_{1+2} - D_1$ 表示的是第二色油墨叠印在第一色油墨的墨层厚度，$D_2$ 表示第二色油墨直接印在纸张上的墨层厚度，因此，叠印率实际上是用来描述将一种油墨印在另一种油墨上面与将它直接印在白纸上的接近程度，叠印率越高，说明两种情况下的油墨转移效果越接近。

对于三色油墨叠印，叠印率的计算公式与两色叠印稍有区别：

$$f = \frac{D_{1+2+3} - D_{1+2}}{D_3} \tag{5-7}$$

从叠印率的计算公式可以看出，测量油墨叠印率时，需要分别测量三个密度值，测量时，需要先确定印刷色序，即先印色和后印色，否则就会出现错误的结果。另外，测量三个密度值都必须用后印色的补色滤色片，如图 5-32 所示。

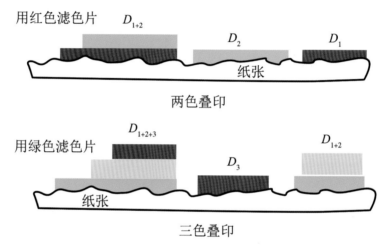

图 5-32　两色叠印与三色叠印

在密度计"主目录"菜单下，加亮"叠印"功能，按输入键即可打开"叠印"功能界面，如图 5-33 所示，当"叠印率数据形式"被加亮时，按输入键可在"叠印"和"叠印减去标准"之间切换。当"选项"菜单被加亮时，按输入键，可选择叠印率计算公式，这里提供了三种计算公式，一般选择前面介绍的计算公式。

叠印率测量选项设置完后，即可测量油墨的叠印率。假设要直接测量图 5-32 中青色油墨在品红色油墨上的叠印率，在叠印率测量界面中，如图 5-34（a）所示，先测量印张空白部分的密度，然后测量青色油墨与品红色油墨叠印出来的蓝色色块的密度，再测量青色油墨的实地密度（直接印在纸张上的密度），最后测量品红色油墨的实地密度，测量结束后，密度计会自动计算出油墨的叠印率并显示出来，如图 5-34（b）所示。

| 叠印减去标准 | | 选项 |
|---|---|---|
| >纸张 | V | 0.13 |
| 套加印 | C | 0.12 |
| 油墨 2 | M | 0.13 |
| 油墨 1 | Y | 0.22 |
| <选择测量数据形式> | | T |

| 叠印 | | 选项 |
|---|---|---|
| 纸张 | V | 0.13 |
| 套加印 | C | 0.12 |
| 第二色油墨 | M | 0.13 |
| 第一色油墨 | Y | 0.22 |
| <测量纸张> | | T |

（a）

| 叠印 | | 选项 |
|---|---|---|
| 纸张 | | |
| 套加印 | | |
| 第二色油墨 第一色油墨 | C/M | 91% |
| 叠印 | | |
| <检视数据> | | T |

（b）

图 5-33　叠印率测量选项设置　　　　图 5-34　叠印率测量界面

**学以致用**：测量油墨叠印率时，为什么要先测量纸张的密度？

## 知识点 2　网点百分比测量

网点是组织印刷品颜色的最小单位，网点再现质量直接会影响印刷品的颜色复制效果。因此，在印刷过程中，网点面积率和网点增大量也是检测和控制印刷品质量的重要参数，而网点面积率和网点增大量是通过密度测量计算出来的。

### 1. 网点面积率的测量

假设印张上单位面积内，某种颜色的网点面积率为 $a$，则空白部分面积为 $1-a$，假定该颜色印刷的实地密度为 $D_s$，实地部分对色光的反射率为 $\rho_s$，则根据密度的定义为

$$D_s = \lg \frac{1}{\rho_s} \qquad (5\text{-}8)$$

在假设的单位面积内，网点对色光的反射率为 $a \times \rho_s$，空白部分对色光的反射率为 $1-a$，则单位面积内网点与空白部分的总反射率为

$$\rho = (1-a) + a \times \rho_s \qquad (5\text{-}9)$$

因此，印刷网点面积率 $a$ 的反射密度为

$$D_t = \lg \frac{1}{\rho} = \lg \frac{1}{(1-a) + a \times \rho_s} \qquad (5\text{-}10)$$

由式（5-5）得，$\rho_s = 10^{-D_s}$，代入式（5-7）得

$$D_t = \lg \frac{1}{\rho} = \lg \frac{1}{(1-a) + a \times 10^{-D_s}} \qquad (5\text{-}11)$$

如果用密度计测出该网点的密度值 $D_t$，则可求出其网点面积率 $a$：

$$a = \frac{1-10^{-D_t}}{1-10^{-D_s}} \qquad (5\text{-}12)$$

这就是网点面积率与网点密度之间的换算公式，称为默里 - 戴维斯（Murra-Davies）公式。后来，尤尔（J. A. C. Yule）和尼尔逊（W. J. Nielsen）考虑到纸张光渗效应的影响，在此公式中引入了补偿修正系数 $n$，将该公式修改为：

$$a = \frac{1-10^{-D_t/n}}{1-10^{-D_s/n}} \qquad (5\text{-}13)$$

此公式称为尤尔 - 尼尔逊公式。

从上述两个公式可以看出，要测量某一颜色的网点面积率，需要分别测量出该颜色的网点密度值和实地密度值。

在密度计的"主目录"下，利用跳位键加亮"网点"功能，按输入键即可打开网点面积测量操作界面，如图 5-35 所示。当"网点数据形式"被加亮时，按输入键，可在"网点面积"和"网点增大"之间切换。当"选项"菜单被加亮时，按输入键可打开网点选项菜单，"颜色"选项设置与密度测量的设置相同，"n 系数"选项可设置尤尔 - 尼尔逊公式的修正系数，$n$ 的数值范围为 0.500 ~ 9.900，利用"50% 网点校正"选项可以通过测量一个已知 50% 网点的样片，建立新的"$n$"系数，选择"标准"选项可以设置测量网点增大值的标准。

网点面积率测量选项设置完后，就可以进行网点面积率测量。以直接测量网点面积率为例，如图 5-36 所示，假设要测量青色网点的网点面积率，先用密度计测量印张上的空白部分，即纸张的密

度，然后测量青色实地色块的密度，最后测量青色网点的密度，即淡色的密度，测量结束后，密度计会自动利用尤尔－尼尔逊公式计算出网点面积率。

| 网点面积 | | 选 项 |
|---|---|---|
| 纸 张 | | |
| 实 地 | **V** **37%** | |
| 染 色 | | |
| >网点面积 | | |
| <选择测量数据形式> | | T |

| 网点选项： | |
|---|---|
| 颜色　　：自动 | |
| n系数　：关 | |
| 50%　网点校正... | |
| 标准 1　：25 | ↓ |
| <编辑选项> | |

| 网点面积 | | 选 项 |
|---|---|---|
| 纸 张 | **V** | **0.09** |
| 实 地 | **C** | **0.08** |
| 淡 色 | **M** | **0.09** |
| 网点面积 | **Y** | **0.10** |
| <测量纸张> | | T |

图 5-35　网点面积率测量选项设置　　　　　　图 5-36　网点面积率测量

### 2. 网点增大量的测量

由于印刷压力的存在，网点增大是印刷过程中不可避免的现象，网点增大对印刷品的颜色再现质量的影响是至关重要的，因此，要严格控制网点增大量。网点增大分为网点几何增大和网点光学增大两种类型；网点几何增大是在印刷压力的作用下，网点尺寸产生扩展的现象；而网点光学增大是指网点对眼睛的视觉感受比实际几何面积要大，这是由于光线在纸张内部的散射引起的。如图 5-37 所示，光线从纸张的空白部分进入纸张内部，一部分被纸张吸收，一部分被纸张反射回来，还有一部分被散射到网点下面被吸收掉，被网点吸收的那一部分光就会引起网点的光学增大。

一般来说，网点增大量等于印刷品上的网点面积率减去胶片上的网点面积率或数据文件中的网点面积率所得的差。网点增大量的测量比较简单，可直接用密度计测量出印刷品上的网点面积率，然后减去胶片上的网点面积率即可得到网点增大量。假设胶片上的网点面积率为 40%，印刷品上的网点面积率测得为 55%，则网点增大量为 15%，如图 5-38 所示。需要注意的是，用密度计测量出来的网点增大量实际上包含网点光学增大量部分。

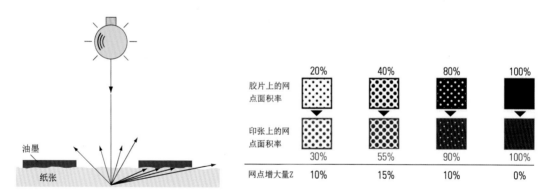

图 5-37　光线在纸张内部的散射　　　　　　图 5-38　不同阶调的网点增大量

网点增大量与加网线数有关，加网线数越高，网点增大量越大，当加网线数很低时，网点增大量几乎可以忽略不计。因此，网点增大量还可以通过测量布鲁纳尔测控条上网点面积为 50% 的细网段和粗网段的密度计算得到，如图 5-39 所示，网点面积均为 50% 的粗网段与细网段的加网线数分别为 30 lpi 和 150 lpi，网点增大量为细网段与粗网段密度之差，即

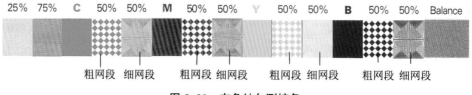

图 5-39　布鲁纳尔测控条

网点增大量 =（细网段密度 – 粗网段密度）× 100%

如果测量细网段密度为 0.5，粗网段密度为 0.3，则网点增大量为 20%。

印刷品图像上不同阶调的网点增大量是不同的，因此，测量和控制网点增大量不能只测量 50% 一个阶调，而是要测量整个阶调范围内的网点增大量，以掌握图像不同阶调的再现情况。如果以胶片上各阶调的网点面积率为横坐标，以印张上测得的各阶调值的网点面积率为纵坐标，则可绘制出一条印刷特性曲线，如图 5-40 所示，印张上各阶调的网点增大量即为曲线与直线之间的差。

### 3. 印刷反差的测量

在印刷品颜色复制质量控制过程中，还采用相对反差作为控制实地密度和网点增大量的技术参数，印刷反差用 $K$ 表示，其计算公式如下：

$$K = \frac{D_s - D_t}{D_s} = 1 - \frac{D_t}{D_s} \qquad (5-14)$$

其中，$D_s$ 为实地密度；$D_t$ 为图像阶调的 3/4 处的网点密度，通常选择 75% 的网点密度。

印刷反差反映了印刷品图像暗调层次的再现情况；印刷反差越大，即 $D_t$ 与 $D_s$ 的比值比较小，则 75% 到 100% 之间的阶调层次就越丰富，网点增大量比较小；印刷反差越小，即 $D_t$ 与 $D_s$ 越接近，则 75% 到 100% 之间的阶调层次丢失得越多，网点增大量就越大。

在实际生产中，印刷反差还可以用来确定最佳实地密度。图 5-41 所示为某一色版相对印刷反差与实地密度的关系曲线。可以看出，当实地密度等于 1.5 时，印刷反差最大，如果印刷密度继续增加，印刷反差就会下降。网点增大严重，会导致印刷图像暗调部分层次并级，因此，对该色版来说，其最佳实地密度为 1.5。

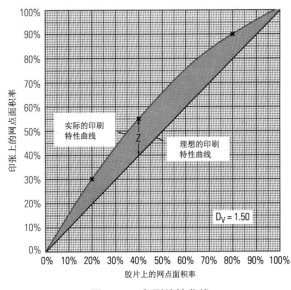

图 5-40 印刷特性曲线

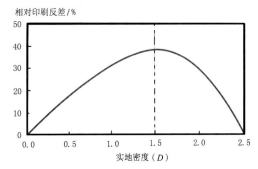

图 5-41 印刷反差与实地密度的关系

根据印刷反差的计算公式可以看出，测量印刷反差只需测量出实地密度和 75% 处的网点密度即可。在密度计"主目录"菜单下，用跳位键加亮"印刷反差"功能，按输入键即可打开"印刷反差"测量界面，如图 5-42 所示。当"印刷反差数据形式"被加亮时，按输入键可在"印刷反差"和"印刷反差减去标准"之间切换，当"选项"菜单被加亮时，按输入键可分别对"颜色"和"数据形式"选项进行设置，设置方法与密度测量相同。

印刷反差测量选项设置好后，就可以用密度计进行印刷反差测量。假设要直接测量青色油墨的印刷反差，在图 5-43 所示的测量界面中，先测量印张上空白部分的密度，然后测量青色实地色块的密度，最后测量 75% 的青色块（淡色）的密度，测量结束后，密度计会自动计算出青色油墨的反差，并显示在屏幕上。

图 5-42　印刷反差测量选项设置　　　　　图 5-43　印刷反差测量界面

知识点测试：网点百分比测量

**学以致用**：在实际生产中，为什么印刷品图像上不同阶调的网点增大量是不同的？

### 知识点 3　三刺激值与色差测量

由于现在使用的分光光度计都带有计算机，因此，利用它可以直接测量出颜色的 XYZ 值、L*a*b* 值、L*u*v* 值，以及颜色之间的色差 ΔE 等色度值。这里以 X-Rite 528 分光密度计为例介绍色度测量的基本操作方法。

在分光密度计的"主目录"菜单下，加亮"颜色"功能，按输入键即可打开颜色测量功能操作界面，如图 5-44 所示。当"颜色数据形式"被加亮时，可以在"颜色"和"颜色减去标准"之间切换，选择"颜色减去标准"可测量颜色之间的色差；当"选项"菜单被加亮时，按输入键可打开"选项"设置菜单，在"颜色空间"选项中，可以选择 L*a*b*、L*u*v*、XYZ、Yxy、L*C*H* 中的一个作为测量的颜色空间，在"ΔE 方式"选项中，可以选择 CMC、CIELAB、CIE94 中的一个作为计算色差的公式，在"视角"选项中，可以选择 2° 视场或 10° 视场，在"标准"选项中，可以设置在颜色色差异测量中的标准位置。

图 5-44　色度测量选项设置

"颜色数据形式"和"选项"菜单设置完后，加亮设置界面右下角的光源菜单可以选择所需的标准光源，这里提供了 A、C、D50、D65、D55、D75、F2、F7、F11、F12 等标准光源。

当所有的设置完成后，即可进行颜色测量。如果要直接测量 2° 视场、D50 光源下某一颜色的 L*a*b* 值，需在颜色测量界面的"选项"菜单中，将"颜色空间"设置为"L*a*b*"，视场设置为"2°"，并将测量光源设置为"D50"。在图 5-45（a）的操作界面中，当"样品"被加亮时，将分光密度计的目标窗口对准要测量的颜色，然后压低测量头，直到显示测量数据，释放测量头，即可完成颜色 L*a*b* 值的测量。

| 颜色 | 选项 |
|---|---|
| 样品<br>标准 | L* 30.06<br>a* 0.10<br>b*-36.55 |
| <完成> | D50/2 |

（a）

| 颜色减去标准 02 | 选项 |
|---|---|
| 样品<br>标准 | ΔEab 0.53<br>ΔL* -0.52<br>Δa* 0.11<br>Δb* -0.02 |
| <完成> | D50/2 |

（b）

**图 5-45　颜色测量操作界面**

当需要测量两个颜色之间的色差时，可先在图 5-46 的颜色测量操作界面中，加亮"标准"菜单，按输入键，测量第一个颜色的 L*a*b* 值，将其设置为"标准 01"，然后返回到图 5-45（b）的色差测量操作界面，测量第二个颜色，即可测量出两个颜色的色差。

| 颜色减去标准 01 | 选项 |
|---|---|
| 样品<br>标准 | L* 31.06<br>a* -0.05<br>b*-33.12 |
| <更改标准> | D50/2 |

| 标准 | 顺序 |
|---|---|
| 标准 01<br>标准 02<br>标准 03<br>标准 04<br>↓ | L* 89.45<br>a* 1.46<br>b* 21.53 |
| <测量标准> | D50/2 |

**图 5-46　设置色差测量的标准**

知识点测试：三刺激值与色差测量

**学以致用**：在专色墨调配过程中，经常采用分光光度计来测量调配出来的颜色与原色样的色差来进行油墨比例的校正，这是如何实现的？

## ◉ 任务实施及评价

任务实施

任务评价

## ◉ 拓展训练

请测量图 5-47 中相邻两个颜色的色差，并将测量的色差值与相邻两个颜色的视觉差异进行比较，分析测量的色差与视觉差异是否一致。

**图 5-47　色差测量**

# 参 考 文 献

[ 1 ] Helmut Kipphan. Handbook of Print Media[M]. Berlin: Springer Verlag, 2001.

[ 2 ] [美] Bruce Fraser,Chris Murphy,Fred Bunting. 色彩管理 [M]. 刘浩学，梁炯，武兵，等，译. 北京：电子工业出版社，2005.

[ 3 ] 刘武辉. 印刷色彩管理 [M]. 北京：化学工业出版社，2011.

[ 4 ] 色彩学编写组. 色彩学 [M]. 北京：科学出版社，2001.

[ 5 ] 胡成发. 印刷色彩与色度学 [M]. 北京：印刷工业出版社，1993.

[ 6 ] Hongyong Jin, Xiuping Zhao, Hongfang Liu. Testing of the Uniformity of Color Appearance Space[C]. // WRI World Congress on Computer Science and Information Engineering, 2009.

[ 7 ] 荆其诚，焦书兰，喻柏林，等. 色度学 [M]. 北京：科学出版社，1979.

[ 8 ] Abhay Sharma. Understanding Color Management[M]. New York：Thomson Learning，2004.

[ 9 ] Mark D Fairchild. Color Appearance Models [M]. 2nd ed. New York：John Wiley & Sons，2005.

[ 10 ] 田少煦. 信息时代色彩学研究的发展与走向 [J]. 南京艺术学院学报（美术与设计版），2012（1）：138-141.